中国城市地下空间发展
白皮书 2014

中国岩石力学与工程学会地下空间分会
中国人民解放军理工大学国防工程学院地下空间研究中心 编
南京慧龙城市规划设计有限公司

U0334453

同济大学 出版社
TONGJI UNIVERSITY PRESS

内 容 提 要

进入 21 世纪以来,我国城市地下空间开发利用取得了举世瞩目的成就,城市地下空间开发数量和规模已处于国际领先水平。2014 年,是我国城市地下空间发展由"量增"向"有序"转变的关键性一年。中央提出"统筹规划地上地下空间开发","建立健全城市地下空间开发利用协调机制","科学有序推进城市轨道交通建设"和"推行城市综合管廊"等战略举措,以应对"摊大饼"式的城市发展模式和"城市空间无序开发、人口过度集聚,重经济发展、轻环境保护",交通拥堵、城市滞涝等"城市病"。本报告由两家单位凭借资源与技术优势,数十人次,历时 8 月,五易其稿,本着"立足专业视角,解析行业境况,推动产业发展"的宗旨,截取 2014 年为研究立面,纵览中国城市地下空间发展格局,剖析城市地下空间发展脉络与态势,辨实确真,去莠存精,力图凭数据说话,借形象传达,为业界指引,与同志者携同探寻中国城市地下空间永续发展之路,共飨管窥之见。

图书在版编目(CIP)数据

中国城市地下空间发展白皮书.2014 / 陈志龙,刘宏,
张智锋等著. -- 上海:同济大学出版社,2015.12
ISBN 978-7-5608-6066-4

Ⅰ.①中… Ⅱ.①陈… ②刘… ③张… Ⅲ.①城市空间-
地下建筑物-研究报告-中国- 2014 Ⅳ.①TU92

中国版本图书馆 CIP 数据核字(2015)第 272663 号

中国城市地下空间发展白皮书(2014)

陈志龙 刘 宏 张智峰 等 著
责任编辑 季 慧 胡 毅 **责任校对** 徐春莲 **封面设计** 陈益平

出版发行	同济大学出版社	www. tongjipress. com. cn
	(地址:上海市四平路 1239 号 邮编:200092 电话:021-65985622)	
经 销	全国各地新华书店	
印 刷	同济大学印刷厂	
开 本	787 mm×1 092 mm 1/16	
印 张	6.5	
字 数	162 000	
版 次	2015 年 12 月第 1 版 2015 年 12 月第 1 次印刷	
书 号	ISBN 978-7-5608-6066-4	
定 价	80.00 元	

编　委　会

主 编 单 位：中国岩石力学与工程学会地下空间分会

承 编 单 位：中国人民解放军理工大学国防工程学院地下空间研究中心
　　　　　　　南京慧龙城市规划设计有限公司

主　　　编：陈志龙

执 行 主 编：刘　宏

编　　　辑：张智峰

编撰组成员：张智峰　季燕福　曹继勇　陈家运
　　　　　　　苏小超　郭东军　张　帆　王　月

目　　录

2014 年中国地下空间之最

1. 最大的地下立交——南京青奥轴地下交通枢纽

2014 年 6 月，全国最大的地下立交——南京青奥轴通车运行。

· 项目简介

南京青奥轴地下交通枢纽位于南京江北新城青奥文化体育公园地下，紧邻长江北岸，是联系南京主城与江北新城的主要交通枢纽之一。该项目主体由隧道和三层立交叠落交错形成，最深达地下 28.3 m[1]，是目前我国交通组织最复杂的地下立交工程。在这座地下交通枢纽之上，是占地 50 万 m^2 的青奥文化体育公园。

南京青奥轴线地下工程效果图

资料来源：http://tsysds.com/newsInfoManold/showNewsDetails.aspx?id=223&cok=img3

- **地下分层**

青奥轴线地下立交自上而下分为3层。地下1层为扬子江大道地下隧道,地下2层为交错复杂的匝道,地下3层则是梅子洲过江通道部分。

整个地下工程呈T字形结构布局,分别为南北向的梅子洲过江连接主线隧道和东西向的滨江大道主线隧道,均为双向六车道设计,匝道全部为双车道。

- **工程技术数据**[1]

工程开挖面积约15万 m²,开挖土方176万 m³。

施工作业区每天涌水量最高时达到25万 m³,整个工程抽排水约6 000万 m³。

地下3层立交深基坑所在位置,距离长江北岸仅90 m,采用自凝灰浆的新型墙体进行分区隔水技术,该工艺仅在三峡大坝等少数工程上使用过。

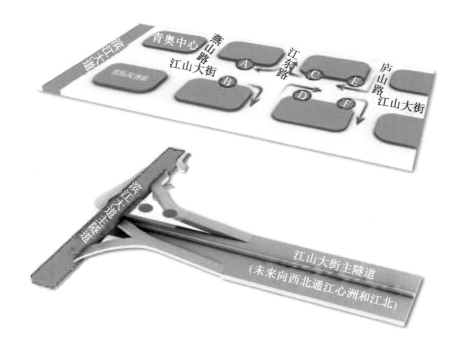

青奥轴线地下空间剖面图

资料来源:http://www.yangtse.com/system/2013/12/26/019756457.shtml,扬子晚报网

2. 最大的地下高铁站——成绵乐客运专线双流机场站[3]

成绵乐客运专线开通和未来地铁10号线的建设,标志着成都将成为继上海以后,全国第二个实现飞机、高铁、地铁三种交通方式"零换乘"的城市。

　　成绵乐客运专线双流机场站是目前国内最大的地下高铁车站,位于双流空港 T2 航站楼地面停车场下层,建筑面积为 8 万多平方米,采用地下 2 层结构设计。地下 1 层为多功能候车大厅,其功能有售取车票、旅客候车、快速进站等。

　　地下大型停车场与候车大厅同层,可容纳 560 余辆机动车停放。停车场与航站楼、地面停车站、公交站台、地铁站等区域连通,设有 17 个出入口与进出通道。地铁 10 号线建成后,旅客可以在双流机场高铁站真正实现航空、铁路、城轨、公交化等多元一体的"零换乘"。

　　地下 2 层为乘车区域,设有两个站台,主要功能为高铁列车乘降。

成绵乐客运专线双流机场站剖面

资料来源:http://www.douban.com/photos/photo/693534391/

W

1

hite paper

综述

- 中国发展纵览
- 2014 年发展概况

1.1 当前我国城市地下空间发展纵览

国内外许多城市都把地下空间资源的综合开发利用作为应对城市空间无序开发、人口过度集聚,重经济发展、轻环境保护等城市人口、资源、环境三大危机(图1-1)以及医治城市机动化率不断提高等所引发的日益突出的交通拥堵、城市滞涝等"城市病",实现城市集约化和可持续发展的手段。

发达国家从18世纪中叶开始大规模开发利用地下空间资源,积累了丰富的经验。1982年联合国自然资源委员会正式将地下空间列为"潜在而丰富的自然资源";1991年"城市地下空间利用东京国际会议"所达成的共识(1991东京国际地下空间宣言)提出:21世纪是人类开发利用地下空间的世纪。我国在20世纪80年代后开始较大规模地开发利用地下空间。

图1-1 地下空间与城市发展的关系

地下空间资源开发利用现已成为世界性的发展趋势,甚至成为衡量城市现代化的重要标志之一。

近年来,中国城市地下空间的开发数量快速增长,水平不断提高,体系越来越完善,中国已经成为世界城市地下空间开发利用的大国,地下空间的规模和开发量与世界城市地下空间开发利用发达国家差距逐步缩小。随着经济实力的增长,我国城市将进入规模化开发利用地下空间的新阶段。

1.2 地下空间对城市发展的作用

1. 节约土地资源

城市在进行地面建设的同时,容易忽视地下空间的建设,造成城市地下资源的严重浪费。在城市建设中,"地下空间、地上空间"综合开发和利用,对城市人居环境建设具有无比重要的作用。

2. 改善城市交通

发展高效率的地下交通,能有效解决交通拥挤问题,改善地面环境。地下车库具有容量大、用地少和布局接近服务对象的优点,因此,修建地下车库能有效改善路面状况、加快车流速度、改善城市交通。

3. 增强防灾能力

地下空间处于一定的土层或岩层覆盖下,具有很强的隐蔽性、隔离性和防护性。建立完善以地下空间为主体的城市安全保障体系和战略物资储备系统,可以降低各种自然灾害和人为灾害的威胁和造成的损失。

4. 保护城市生态

充分利用城市地下空间,将有条件的公共设施转入地下空间,可以扩大地面绿化面积,改善景观环境,因此,地下空间开发利用成为维护城市生态系统、促进城市空间发展、建设生态城市等领域的有益探索与尝试。

5. 促进产业发展

地下空间建设能带动相关上、下游产业链发展。如上游土地开发产业、建筑业、水泥、钢铁产业,下游轨道交通产业、地下装备产业、地下商业等,同时地下空间的建设也为城市提供了更多的就业岗位。

图 1-2　武汉王家墩 CBD 核心区地下空间剖面效果图

资料来源:http://www.whcbd.com/html/2013/911/2921.shtml

1.3 2014 年发展概况

通过对中国城市地下空间发展数据信息库中 2014 年我国城市经济与社会发展、地下空间发展指标(指标包括地下空间规模、停车地下化率、地下空间开发强度、人均GDP、房地产开发投资、城镇化率、汽车保有量等)综合评价分析,可归纳出我国城市地下空间发展和城市经济以及社会发展、城镇化发展水平基本呈现同构层级的发展态势,根据这一特征,将我国的地下空间发展在划定为 3 个层级区域的基础上,综合汇总数据,梳理形成 2014 年中国城市地下空间发展的结构性趋势。

1. 地下空间发展分区

依据 2014 年各城市地下空间指标数据,按照行政区将全国划分为 3 个地下空间发展地区(图 1-3)。

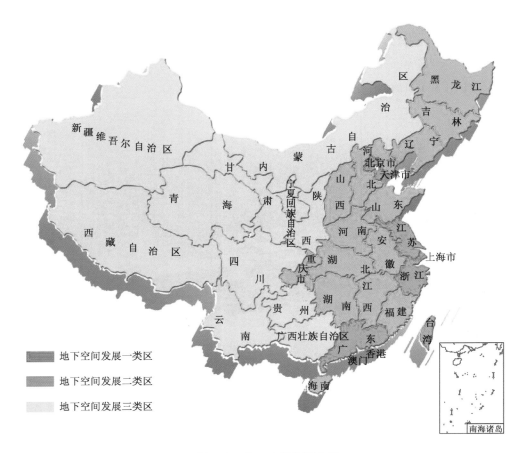

图 1-3　地下空间发展分区

　　其中,北京、上海、江苏、浙江、广东、台湾为地下空间发展一类区,该区域地下空间人均指标较高,建成区地下空间开发强度大,年增长量稳定,建立了较为完善的地下空间管理制度,落实情况良好。

　　地下空间发展二类区包括辽宁、山东、湖北、福建等,此类地区地下空间建设起步较一类区晚,但近年来随着经济发展,地下空间发展势头迅猛,2014 年增长量成倍增加,并陆续出台地下空间开发利用及管理方面的政策法规。

　　地下空间发展三类区包括甘肃、青海、四川、贵州等中西部政区,此类地区受地形、地质、经济发展、人口流动性等影响,2014 年地下空间整体开发建设水平不高,地下空间开发多集中在区域行政中心、交通枢纽城市。

2. 地下空间发展结构性趋势

2014 年中国城市地下空间开发呈现"三心三轴"结构性趋势:

"三心"——地下空间发展核心,即北京市、长三角地区、珠三角地区;

"三轴"——地下空间发展轴,即东部沿海发展轴、沿长江发展轴和京广线发展轴(图 1-4)。

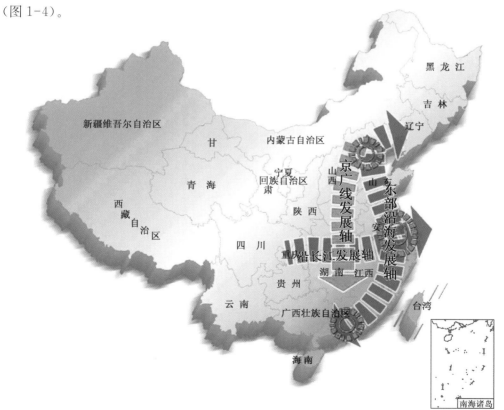

图 1-4　地下空间现状发展结构

除沿海、沿江城市地下空间发展轴外，京广高铁干线的开通和沿线交通建设的逐步完善，大大缩短了我国中部城市的时空距离，从而直接推动了京广沿线城市以地下轨道交通为主导的城市地下空间开发的快速发展，并已初步形成我国城市地下空间发展的第三轴。

W

hite paper

2 法制与政策

- 法制建设
- 公共政策

2.1　地下空间政策法规动态

　　2012年以来,我国土地资源的集约、立体、综合利用呈现出飞速发展的态势,地下停车场、地下道路、地下商业街、地下综合体等多种利用设施均已具备一定规模,随着市场需求的扩大以及开发量的不断增加,地下空间开发利用的问题逐步凸显,资源供需、使用与管理等矛盾激化。

　　2014年,国务院办公厅发布了《国务院办公厅关于加强城市地下管线建设管理的指导意见》(国办发〔2014〕27号),全国范围内新一轮地下管线普查、地下市政基础设施建设全面启动(表2-1)。

表2-1　国办发〔2014〕27号概要

名称	内容
国务院办公厅关于加强城市地下管线建设管理的指导意见	总体目标:2015年底前,完成城市地下管线普查,建立综合管理信息系统,编制完成地下管线综合规划。力争用5年时间,完成城市地下老旧管网改造,将管网漏失率控制在国家标准以内,显著降低管网事故率,避免重大事故发生。 用10年左右时间,建成较为完善的城市地下管线体系,使地下管线建设管理水平能够适应经济社会发展需要,应急防灾能力大幅提升。稳步推进城市地下综合管廊建设

　　据统计,截至2014年底,全国13个省(直辖市、特别行政区)的17个城市出台了多个与城市地下空间开发利用有关的地方法规、政府规章、规范性文件。本报告在梳理北京、江苏、福建厦门、浙江温州等省市的23条政策法规的基础上,侧重整理了有关城市地下空间规划管理、土地管理、建设管理、资金管理、产权管理等方面的法律文件,并根据其代表性和借鉴性进行了梳理和解读。详见表2-2。

表2-2　2014年我国各省市地下空间政策法规一览表

省(直辖市、特别行政区)	市	名称	主要内容
北京		北京市人民防空工程和普通地下室安全使用管理规范	所有权人、管理人各自责任; 地下空间不同使用用途应具备的条件(空间、设施、管理); 明确法律制度(处罚、处分)

续表

省（直辖市、特别行政区）	市	名称	主要内容
上海		上海市地下空间规划建设条例	2013年12月发布，2014年施行； 明确市和区、县规划国土资源行政管理部门各自职责分工； 互联互通建设要求； 跟踪测量地下管线； 细化建设单位、行政管理部门法律责任
广东	深圳	深圳市地下管线管理暂行办法	地下管线规划、建设和管理的各自职能分工； 地下管线工程报建流程； 建立市地下管线综合信息管理系统； 明确新建、改建或者扩建的道路竣工后不得开挖敷设地下管线的年限； 维护管理要求和主管单位； 管线的信息与档案管理
江苏		省政府办公厅关于加强城市地下管线建设管理的实施意见	2015年地下管线普查工作目标； 新建、改建、扩建城市道路交付使用后、大修道路竣工后不得开挖敷设城市地下管线的年限； 建立完善地下管线信息系统； 实施地下管线规划管理； 引导社会参与
浙江	温州	温州市城市地下空间建设用地管理的意见	划拨方式、协议出让方式； 审批流程； 结建地下空间将地下建筑物的建筑面积计入整体建筑面积； 地下建设用地使用权面积的确认； 使用权登记材料； 使用权出让年限
	金华	关于加快市区城市地下空间开发利用的若干意见（试行）	关于互连互通地下公共通道，先建单位与后建单位各自建设要求，可按1：1折抵民用建筑防空地下室应建面积； 不同方式取得地下空间使用权的出让价款； 人防工程和兼顾人防要求工程有关优惠政策； 公益性地下空间开发项目需缴纳的行政事业性收费标准
四川	绵阳	绵阳市地下空间开发利用管理暂行办法	鼓励社会资金参与单建式地下空间开发利用； 单建式、结建式不同类型的地下空间建设用地使用权土地出让金
江西	南昌	南昌市城市地下空间开发利用管理办法	2013年12月发布，2014年施行； 结建、单建地下空间建设工程的建设用地使用权划拨权益价款或者出让金计算方法

续表

省（直辖市、特别行政区）	市	名称	主要内容
湖南	长沙	长沙市地下空间开发利用管理暂行办法	明确规划职能分工； 划拨、协议出让； 工程建设管理； 法律责任
湖北	宜昌	宜昌市城区地下空间建设用地使用权审批和登记办法	2013年10月发布，2014年施行； 地下空间建设用地使用权出让最低价格计算方法
陕西	西安	西安市地下空间开发利用管理办法	使用空间和设施应当兼顾人民防空工程的防护要求的地下设施类型； 成立西安市地下空间开发利用管理工作领导小组，明确职能分工； 城市地下空间开发利用规划编制与审批要求； 城市地下管线抢修的相关手续流程
福建		关于加强城市地下空间规划建设管理的指导意见	完善地下空间规划建设管理体制； 加快城市地下空间规划编制（地下管线、文物现状普查）； 规范地下空间开发建设的规划管理； 推进城市基础设施地下化和综合化（鼓励将现有地面上的各类管线、变电站、配电箱等下地）； 做好地下空间建（构）筑物权属登记
		关于推进地下空间开发利用八条措施的通知	规范地下空间使用权取得及权属； 促进早期人防工程开发利用； 实施人防工程优惠政策； 明确各条措施责任单位
		福建省地下空间建设用地管理和土地登记暂行规定	地铁工程按站（场）划分宗地； 地铁工程中的公共服务设施按行政划拨方式供地；地铁工程配套开发的经营性场所按出让方式供地； 集体土地地下空间
	厦门	厦门市规范建设项目周边地下空间利用的审批管理意见	市政道路以及绿地、广场等城市开敞空间的地下空间建设用地使用权的用途； 地下空间建设用地使用权的土地出让金标准； 地下空间建设项目审批程序
	宁德	宁德市地下空间开发利用管理规定	地下连通工程建设要求； 地下空间不得建设用途类型； 地下空间开发利用建筑面积单列，不计入建设用地容积率指标； 取得地下空间建设用地使用权的出让金与城市基础设施配套费

续表

省(直辖市、特别行政区)	市	名称	主要内容
山东	青岛	青岛市国土资源和房屋管理局地下空间国有建设用地使用权管理办法	2014 年 12 月发布,2015 年施行; 细分以有偿使用方式供应的地下空间国有建设用地使用权其地下各层土地出让金
	潍坊	潍坊市国有建设用地地下空间使用权管理暂行办法	规划审批和管理、用地供应、土地产权登记管理、人民防空的地下空间开发利用的监督管理、建设工程的监督管理各自的行政主管部门; 地下空间使用权年限
	济宁	济宁市地下空间国有建设用地使用权管理办法	2013 年 12 月发布,2014 年施行。 在规划设计条件允许的情况下,商服、住宅、公共管理与公共服务工程建设应当一并结建地下工程。住宅用地地下空间利用一般不少于一层,商服、公共管理与公共服务工程用地地下空间利用一般不少于二层。结建地下工程平均每层建筑面积一般不少于整宗地地上建设用地使用权面积的50%。单建地下工程地下空间利用一般不少于三层。 使用权出让价款确定方式
	德州	德州市城市地下空间开发利用管理办法	2014 年 12 月发布,2015 年施行; 城市地下空间开发利用主管部门,对规划管理、用地管理职能分工; 单建或结建地下空间建设用地使用权出让评估价计算方式
香港		二零一四年施政报告 二零一五年施政报告	2014 年政府已展开研究,以识别全港具潜力发展地下空间的地区,以增加市区内可用空间和优化市区的连接性。同时已拣选了四个具策略性的地区,即尖沙咀西、铜锣湾、跑马地以及金钟/湾仔,筹备先导研究。 下半年,政府已展开沙田污水处理厂迁往岩洞的勘测和设计,以及搬迁另外 3 项设施往岩洞的可行性研究,可提供共 34 hm² 的发展用地

2.2 2014 年地方政策法规解读

1. 关键词

在 23 份地下空间政策、规定中,大部分以地下空间"开发利用管理"为关键词(图 2-1):

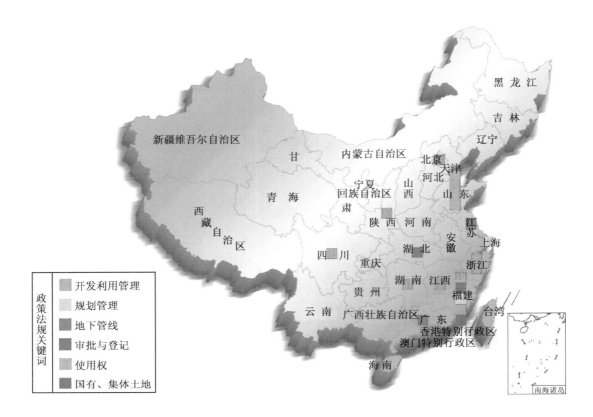

图 2-1　2014 年我国各省市地下空间政策法规统计
注：统计对象为 2014 年起实施或 2014 年发布并于 2015 年实施的政策法规

上海市和福建省以地下空间"规划管理"命名；

广东省深圳市、江苏省着重解决"地下管线管理"；

福建省以建设用地使用（或审批）及登记为核心；

山东省青岛、潍坊、济宁市强调地下空间"使用权管理"；

福建省，唯一一个明确提出了国有土地和集体土地地下空间相关管理要求，其他省、市政策法规均仅限于国有土地。

2. 分布与数量

2014 年地方性地下空间政策法规主要集中在东南沿海地区，中部省份也有部分仅出台 1 项，这与 2014 年全国整体地下空间水平基本正相关。

其中，北京、江浙沪、广东的发布数量并不算多，主要由于 2014 年以前，上述区域已经累计发布多项地下空间建设管理政策文件，2014 年这些区域的主要重心放在了完善制度和改进之前政策法规操作管理中的存疑处。

香港特别行政区在 2014 年施政报告中提出,挑选 4 处全港最具地下空间发展潜力的地区进行深入研究,继续增加城市空间,增强各区域连接性。[①]

3. 主要关注内容

1) 用地管理

除符合法律法规关于划拨供地的条件外,地下空间实行有偿使用制度。此外,多数地方性地下空间政策法规参照常规地表土地使用权的管理模式明确了地下空间的具体供地方式。

绝大部分均规定单建经营性用途地下空间采用招拍挂方式出让。采用协议方式供地的地下空间类型主要包括:地下交通项目、附着地下交通建设项目开发的经营性地下空间;单建地下社会公共停车场只有一个意向用地者的;原土地使用权人利用自有用地开发建设地下空间项目的;与城市地下公共交通设施配套同步建设、不能分割实施的经营性地下空间等几种类型。

2) 规划管理

各城市提出应根据自身发展的需要编制城市地下空间开发利用规划,且部分城市提出了相应的原则要求,如应符合城市总体规划,并与土地利用规划和人民防空、地下管线等专业规划相协调等。

3) 土地出让金

多数规定经营性地下空间出让金参照地面,根据不同层次、功能,按一定比例确定,随地下深度增加而递减;非经营性使用的地下空间,一般规定免收地价款。

4) 产权管理

从现有文件来看,地下空间产权的性质,各有不同规定,未有明确说法。

地下建设用地使用权权属登记以宗地为基本单位,按照相关法律、法规的规定实施,实行分层、分用途登记原则。

结建地下空间,初始登记时与地表建(构)筑物、附着物共同登记;独立开发建设的地下建(构)筑物、附着物,初始登记时独立登记。登记范围以地上宗地投影坐标、竖向高程和水平投影最大面积确定其权属范围。

土地使用证书上注明"地下空间",并在宗地图上注明每一层的层次和标高范围。对连同地表建筑物一并建设的地下车库(位),其地下空间土地用途按该地表建筑物的主要用途确认,并在土地使用证书上注明"地下车库(位)"。兼顾设防的地下空间,应注

---

① 2014 年台湾未出台地下空间政策法规,故未单列说明。

明"人防工程"。

其中,《福建省地下空间建设用地管理和土地登记暂行规定》中规定地铁工程中的公共服务设施按行政划拨方式供地;地铁工程配套开发的经营性场所按出让方式供地,并对集体土地地下空间做出了规定。

W

3

建设回顾
- 建设基本情况
- 区域建设

hite paper

3.1 样本城市的选取

40个样本城市的选取是对2014年全国660多个城市经济、社会发展等关键数据和地下空间发展影响指标等综合分析后，按照城市具备样本特征、数据来源可靠、评价指标可信等条件进行确定的。

本次选取的样本城市涵盖了不同的行政级别、不同的城市规模等级、不同的地下空间发展分区，如图3-1—图3-3所示，意在发掘国内地下空间发展内在规律和发展特征，并据此对我国未来5年、10年的城市地下空间发展趋势和方向进行基本的判断和预测，引导城市地下空间开发。

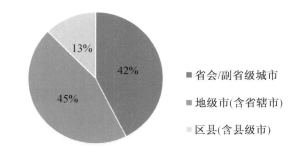

图3-1 40个样本城市行政级别分类

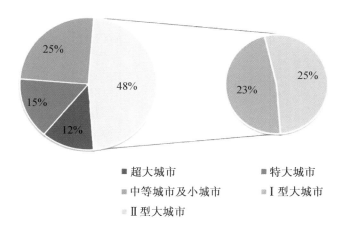

图3-2 40个样本城市规模等级分类

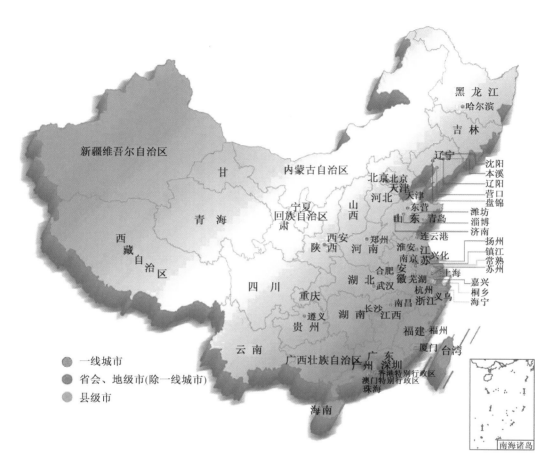

图 3-3　40个样本城市名称及行政级别分类

3.2　中国城市地下空间发展现状综合评价分析

　　从全国来看,我国660多个城市经济与社会发展水平千差万别,其地下空间开发的规模、数量和利用水平也参差不齐,因此,本报告力图将各城市置于同一评价标准体系来统一衡量和评价该城市地下空间发展的真实水平,几经修订,最后选定直接影响城市地下空间发展的经济、社会、地下空间等三个方面的10个要素形成地下空间发展评价指标体系(图3-4)。在此基础上,通过数据采集提取、整理汇总、推算验算等手段,择取城市经济、社会基础数据和地下空间发展指标,以直观的图形进行对比分析,以期引导各城市的地下空间发展步入一个有径可寻的可持续发展轨道上来,同时也向致力于城市地下空间事业的从业者、爱好者们提供一个相对可靠、数据可信的学习和研究文本。

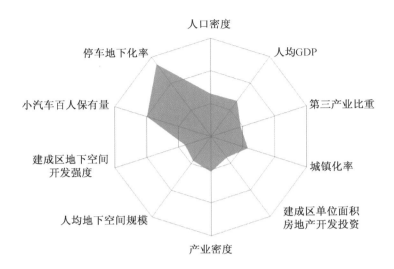

图 3-4　城市地下空间发展综合评价示意图

1. 人口密度

人口密度是反映人口分布疏密程度的数量指标。

2. 人均 GDP

人均 GDP 即人均国内生产总值，是衡量经济发展状况的指标。

3. 第三产业比重

第三产业比重作为产业结构指标，是国民经济素质和综合国力的体现。

4. 城镇化率

城镇化率又称城市化水平，是一个国家或地区经济发展的重要标志，也是衡量一个国家或地区社会组织程度和管理水平的重要标志。

5. 建成区单位面积房地产开发投资

建成区单位面积房地产开发投资主要指建成区内开发的房屋建筑物和配套的服务设施情况。

6. 产业密度

产业密度是衡量经济发展水平的指标，一定程度上反映单位土地面积上的经济产出值的水平。

7. 人均地下空间规模

人均地下空间规模反映城市或地区地下空间建筑面积的人均拥有量，是衡量地下空间建设水平的重要指标。

8. 建成区地下空间开发强度

建成区地下空间开发强度指建成区地下空间开发建筑面积与建成区面积之比。

9. 小汽车百人拥有量

小汽车百人拥有量是城市常住人口拥有小汽车的数量指标,取值为当地登记的车辆,不含摩托车、农用车保有量。

10. 停车地下化率

停车地下化率指城市(城区)地下停车泊位占城市实际总停车泊位的比例,是衡量城市地下空间建设的重要指标。

3.3 一线城市比较分析

一线城市即北京、上海、广州、深圳。一线城市在城市经济发展、社会发展方面都处于全国领先地位,面临土地、能源、水资源、生态环境"四个难以为继"的局面,在外延型拓展无望的情况下,选择开发利用地下空间维持并增进国际竞争力。一线城市的地下空间建设于 20 世纪 90 年代起步,较起步阶段,其增量巨大,2014 年的地下空间发展趋于稳定。如图 3-5 所示。

1. 北京

北京,首都,中国的政治、文化、交通、科技创新和国际交往中心,2014 年世界城市综合排名第 8 名。其人口规模已经超过地区环境资源的承载极限,放射型城市的单极交通体系发展较城市发展相对滞后,交通拥堵现象严重。2014 年,保持较高的停车地下化指标外,进一步加强地下空间管理工作。地下空间类型多样,超 20% 以上用作地下公共服务设施(地下商业、地下健身活动场所等)。

2. 上海

上海,中国第一大城市,直辖市、国家中心城市之一,是中国的铁路与航空枢纽,已成为世界大都市中地下空间开发利用规模较大、速度快、类型众多的城市之一。2014 年,其交通建设良好,对外交通便捷,地下交通、地面交通、立交构成了较为完善的立体化交通系统。由于上海对外地牌照限行政策宽松,实际私家小汽车保有量巨大,尽管提高停车配建指标、加大地下停车库的建设,整体停车位满足率提升不大。传统商业受网络电商冲击,尤其是地下商业街的经营状况堪忧,开始进行新一轮商业转型与业态调整。

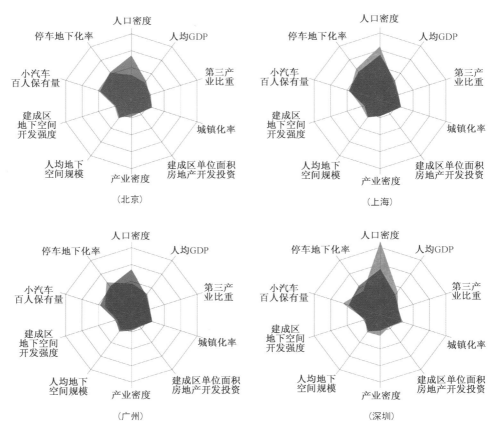

■ 城市发展与地下空间现状指标　■ 一线城市发展与地下空间现状指标平均值

图 3-5　一线城市地下空间发展综合评价图

3. 广州

广州,中国超大城市,华南地区的经济、文化、科技和教育中心,交通枢纽。其私家小汽车保有量进一步增大,道路通行能力降低,停车缺口巨大。2014 年,除持续大规模的地铁扩建外,广州第一条有轨电车线路开通试乘。商业的地盘争夺战从"地上"向"地下"延伸,在建和规划建设的综合性地下空间体量均较大。

4. 深圳

深圳,中国经济特区、全国性经济中心城市和国际化城市,中国重要的海陆空交通枢纽城市。作为典型的移民城市,其人口密度大,人员流动性大,更加考验基础设施的建设与运行,随着地铁等轨道交通建设的全面展开,以交通、商贸为主的地下空间开发迅速升温。

3.4　省会、地级市、县级市（除一线城市）比较分析

省会、地级市、县级市（除一线城市）地下空间发展综合评价指标比较分析如图 3-6
所示。

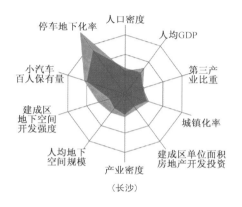

（长沙）

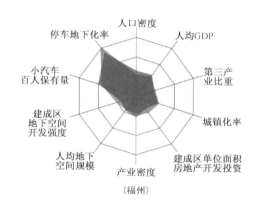

（福州）

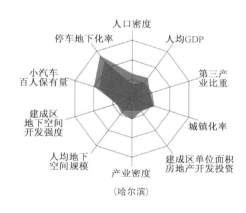

（哈尔滨）

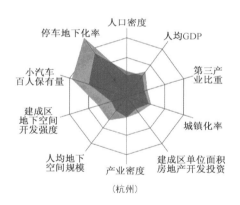

（杭州）

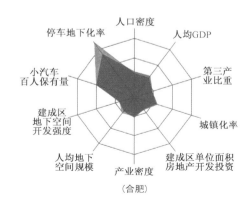

（合肥）

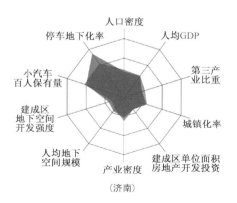

（济南）

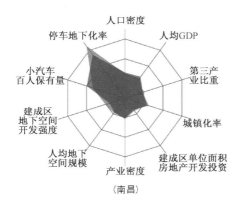

（南昌）

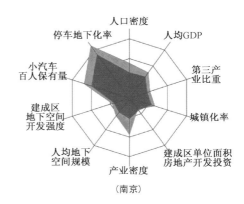

（南京）

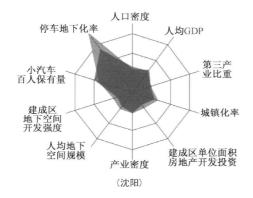

（沈阳）

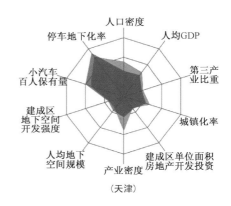

（天津）

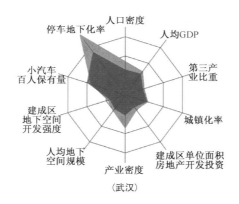

（武汉）

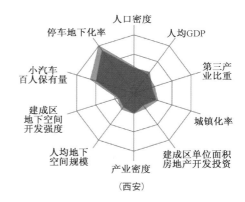

（西安）

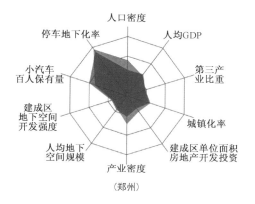

（郑州）

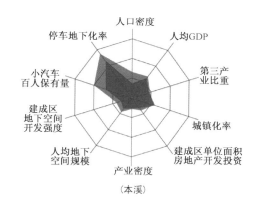

（本溪）

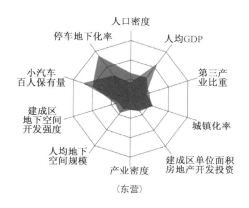

（东营）

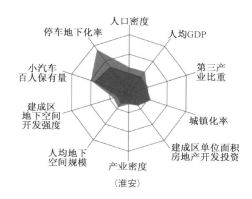

（淮安）

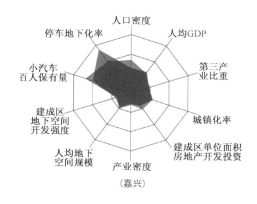

（嘉兴）

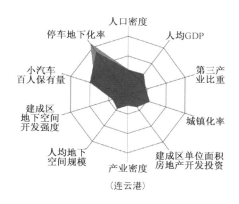

（连云港）

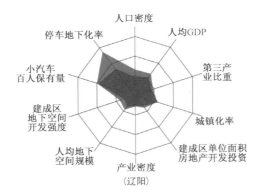

（辽阳）

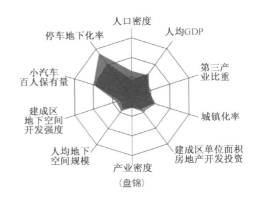

（盘锦）

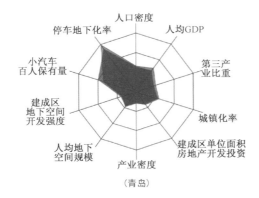

（青岛）

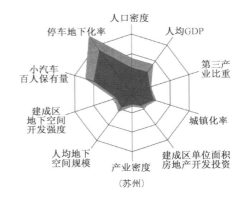

（苏州）

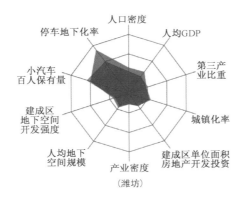

（潍坊）

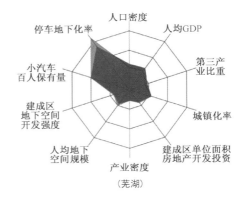

（芜湖）

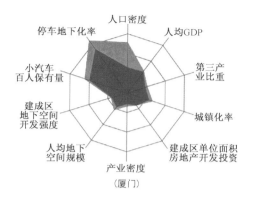

（厦门）

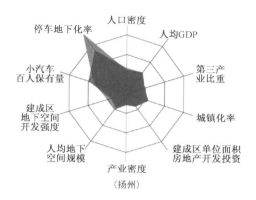

（扬州）

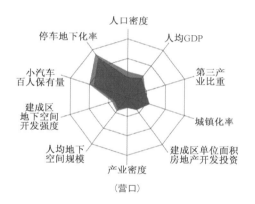

（营口）

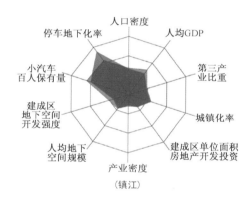

（镇江）

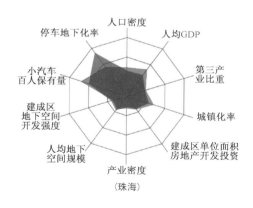

（珠海）

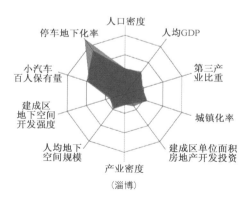

（淄博）

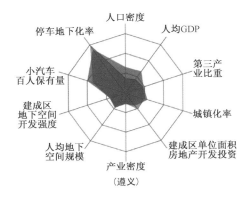

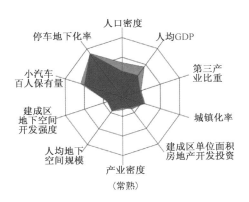

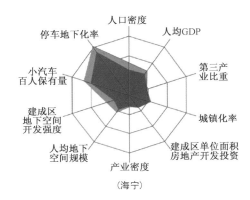

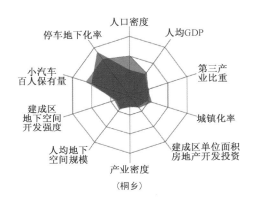

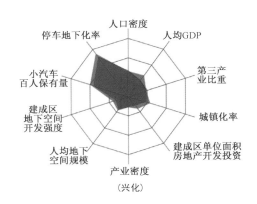

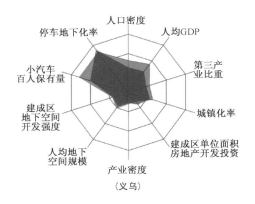

■ 城市发展与地下空间现状指标　　■ 省会、地级市、县级市(除一线城市)现状指标平均值

注：为方便比照，36个样本城市(除一线城市)与一线城市蛛网图坐标轴刻度单位相同，最大值不同

图 3-6　城市地下空间发展综合评价示意图

1. 人口密度

样本城市中人口密度排名靠前的基本都在江浙地区，并沿长江为界向南北区域递减。如图 3-7 所示。

2. 人均 GDP

资源型城市人均 GDP 较高，其次为省级行政交通中心，东北部和中部城市次之。与地下空间指标整体趋势基本一致。如图 3-8 所示。

3. 小汽车百人拥有量

旅游为主导产业、资源型城市汽车保有量较高，如杭州、厦门、西安、东营等。江浙地区以制造业为主导产业的县级市，该指标已超越部分中部、东北部城市，交通尤其是停车问题已成这些城市发展的关键问题。如图 3-8 所示。

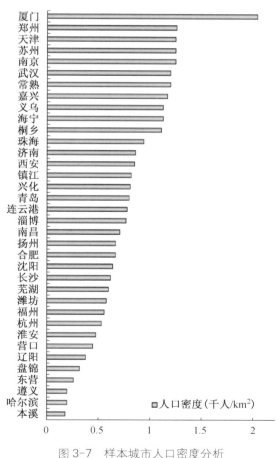

图 3-7 样本城市人口密度分析

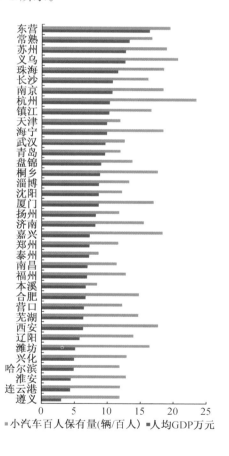

图 3-8 样本城市人均 GDP 与
小汽车保有量分析

4. 三产比重与产业密度

新的产业转型改变了国内部分城市的产业结构，样本城市中省会城市、地级市三产比重差别不明显，三产比重较小的城市为传统资源型城市，地下空间在这些城市处于起步阶段。如图 3-9 所示。

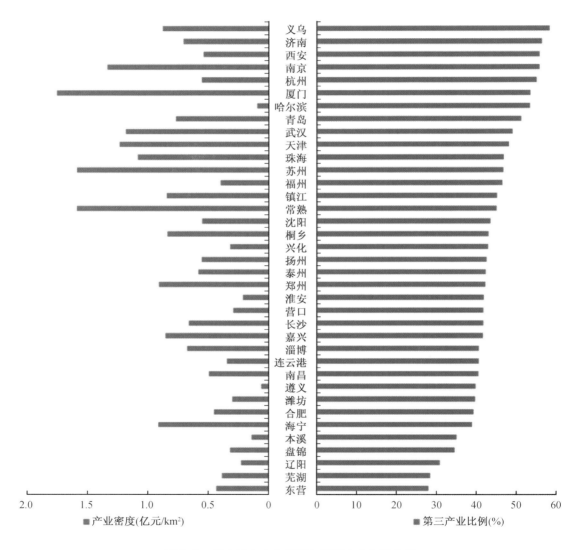

图 3-9　样本城市产业密度与第三产业比重分析

地下空间的建设将增加产业密度，带动相关水泥、钢铁等建材产业、文化产业、商业以及轨道交通装备产业等。

5. 其他地下空间指标

样本城市中省会城市、地级市、县级市（除一线城市）的停车地下化率和地下空间开发强度及人均地下空间规模情况，如图 3-10 和图 3-11 所示。

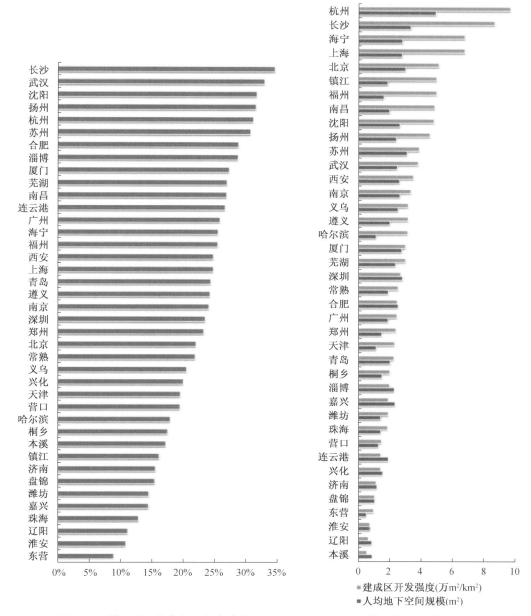

图 3-10 样本城市停车地下化率分析

图 3-11 样本城市建成区地下空间开发强度及人均地下空间规模比较

3.5 区域样本城市比较分析

1. 江苏

城市经济数据和地下空间多项指标显示,江苏省处于全国地下空间开发建设的前列,但省域内因地区差异,和城市经济发展一样,也呈现不均衡的格局。省内城市地下空间发展同经济发展水平同步,由苏南—苏中—苏北呈递减态势,如图 3-12 所示。

在长三角区域中,有一个很重要的显性特质,即经济发展与行政级别关联度较低。昆山、常熟、太仓等县级市经济规模遥遥领先于苏中、苏北地级市。

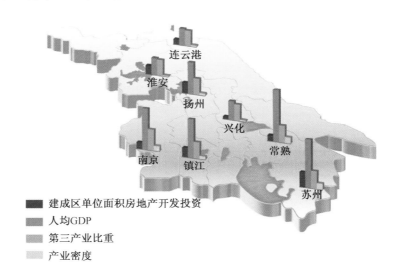

图 3-12　江苏省样本城市经济指标比较

根据社会发展指标看,人口主要集中在经济发达地区,除了苏北地区小汽车百人指标略低外,其他地区并没有太大差距。如图 3-13 所示。

地下空间指标,主要是建成区地下空间开发强度参差不齐,历史文化名

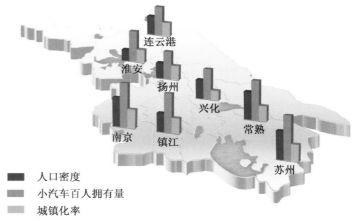

图 3-13　江苏省样本城市经济指标比较

城苏州、扬州排在前列，与地面建设受限，部分城市功能转入地下有着密切联系。如图3-14 所示。

图 3-14　江苏省样本城市经济指标比较

江苏省样本城市综合发展指标比较，如图 3-15 所示。

图 3-15　江苏省样本城市综合发展指标比较

2. 辽宁

城市经济数据和地下空间多项指标显示（图 3-16—图 3-18），辽宁省 2014 年地下空间开发利用快速发展，但除了沈阳现状建设、规划编制和用地管理等方面排在全国较前的位置外，其他城市地下空间发展建设水平仍不高。

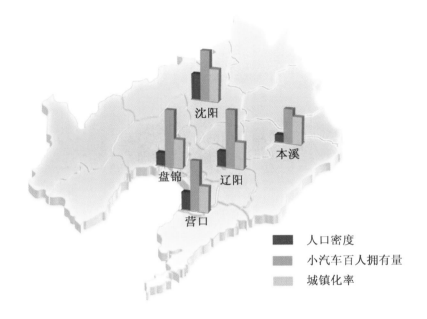

图 3-16　辽宁样本城市社会发展指标比较

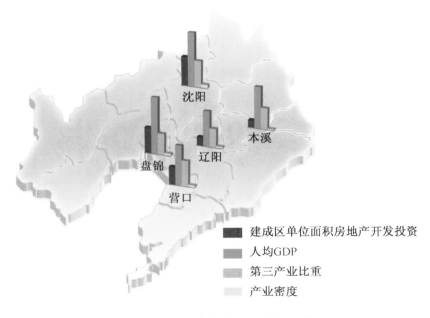

图 3-17　辽宁样本城市经济指标比较

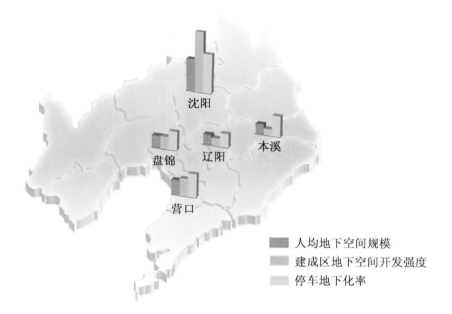

图 3-18　辽宁样本城市地下空间指标比较

沈阳,东北地区的政治、经济、文化、金融、科教、军事和商贸中心,东北第一大城市,人口密度大,经济水平、社会发展相对辽宁省其他样本城市较高。地下空间发展起步也优于其他城市。

盘锦、营口作为辽宁省内大型港口城市,依托水路发展,经济水平、社会发展也排在省内前列,地下空间较沈阳起步慢,但 2014 年全年发展速度不容小觑。

本溪作为内陆资源城市,依托煤铁相关产业,经济水平保持高位发展,但受整体观念和地下资源限制因素,地下空间发展远不及经济发展速率。

所有样本城市由汽车保有量激增产生的交通问题严重程度与经济水平发展程度基本一致。

对于传统产业城市,其地下空间开发利用应注重地下资源的普查,地下工程建设不能盲目追求大而全。

2014 年辽宁省样本城市数据体现了大多数地下空间发展二类区的主要特征。未来二类区发展重点是转变观念,规范开发建设,提前预判。

3.6　地下空间未来发展方向

结合城市地下空间发展各项指标(图 3-19),预测 2015 年中国城市地下空间建设重点如下。

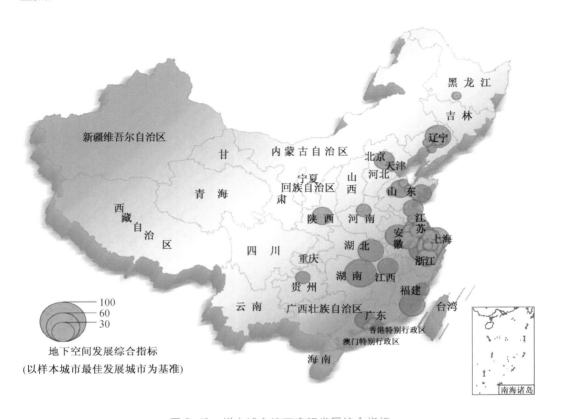

图 3-19　样本城市地下空间发展综合指标

1. 区域政治文化中心城市

地下空间建设重点:提高停车地下化率,注重网络连通。

代表城市:北京、上海、武汉、南京。

2. 交通枢纽城市

地下空间建设重点:过境交通干道、快速路地下化建设。

代表城市:上海、广州。

3. 历史文化名城

地下空间建设重点:公共服务设施地下化建设,注重地下埋藏区保护。

代表城市:广州、苏州、扬州。

4. 地质多样城市

地下空间建设重点:山地城市通过地形高差优势,建设必要的地下工程。

代表城市:重庆。

水乡城市梳理河道,不能盲目建设地下工程,需做可行性研究。

代表城市:苏州。

5. 资源型城市

地下空间建设重点:根据地面建设动态,适当开发地下空间,主要完善城市功能,主要解决停车问题。大规模建设地下工程不是此类城市地下空间发展最终目标。

代表城市:东营、盘锦。

3.7 地下空间未来发展趋势

城市地下空间开发利用,总体上看发展均呈现网络化和立体化趋势。

1. 功能网络化

地下空间相互连通形成网络和体系,有利于促进地下空间的高效利用。由于地下空间资源开发建设具有长期性、复杂性,网络形成一般需要 30～40 年时间。

代表工程:北京 CBD 核心区地下空间、南京地铁新街口站,如图 3-20 所示。

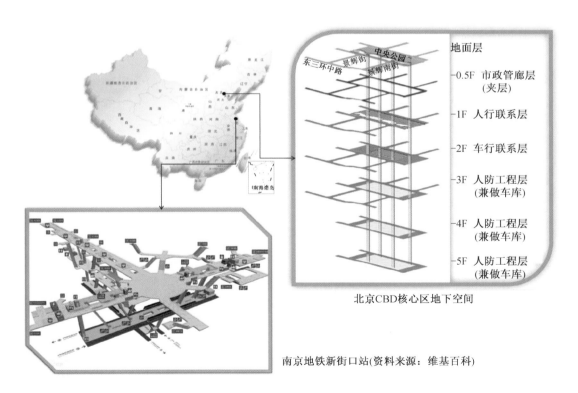

北京CBD核心区地下空间

南京地铁新街口站(资料来源:维基百科)

图 3-20　地下网络化案例

资料来源:作者根据相关资源绘制

1）北京 CBD 核心区地下空间[4]

建设中的北京 CBD 核心区的 52 万 m² 地下空间是北京目前开挖深度最深、面积最大的地下工程项目。共有 5 层的地下空间建成后，核心区内 19 幢高层楼宇可以从地下连通，实现 1 号线、10 号线、规划中的 R1 线、17 号线以及国贸桥东北侧的公交换乘站连通。

地下 1 层将成为地下步行层，市民可在此换乘公共交通，不用出地面就可以到达上班的写字楼，同时商业街为市民在换乘途中提供购物、就餐空间。

地下 2 层为车行联系层，通过地下车行环廊，对车辆进行分流，缓解较为拥堵的地面交通。

地下 3—5 层为停车、人防工程和机房，提供大量停车位，可提供十几万平方米防灾避难空间，为整个核心区提供综合保障。

2）南京地铁新街口站

南京地铁新街口站是地铁 1 号线和 2 号线的换乘车站，位于南京新街口商业区中心位置，为地下三层岛式车站。1 号线站台设在地下 3 层，2 号线站台设在地下 2 层，地下 1 层为站厅层和商业层，车站总建筑面积为 37 176 m²。

该站设有近 30 个出入口，分别通向地面和新街口地区多家大型商场的地下层，并直接连接单建式新街口地下商场（莱迪购物中心）。车站建设规模与客流量均排在亚洲前列。

2. 设施立体化

立体化发展既是城市地下空间开发利用的要求，也是城市地下空间开发利用的目标。一般根据城市性质、规模和建设目标，将地上、地下空间综合考虑，形成立体化的空间系统，保障城市各层次空间之间的快速转换。

代表工程：上海静安地下变电站、武汉水下停车场、无锡科技园地下市政。

1）上海静安地下变电站

2010 年投入使用的上海静安世博地下变电站（图 3-21）是目前国际上最大、最深、坐落于软土层的逆作法基坑施工项目，工程创造了诸多国际之最。

地下变电站本体建筑为一筒形全地下四层结构，整体深度 33.5 m，地下建筑面积 57 100 m²，地上建筑面积 1 590 m²，大大减少了工程对周边环境的影响。该地下变电站不仅改善了上海中心城区的电网结构，缓解了紧张的用电需求，同时减少了降压环节和输电距离，是国内工程节能降耗的楷模。

（a）地上实景图

（b）地下剖面示意图

图 3-21　上海静安变电站

资料来源：http://www.shjxdw.cn/agzyjyjd/agzyjyjdjb/2012/0813/10e8c37d-3c06-4de7-8c89-4f3202a05c4b.shtml

2）武汉水下停车场

　　2013 年 9 月面向公众开发的武汉水下停车场（图 3-22）是国内利用公共绿地地下空间建设公共停车场的典范。该工程解决了开辟绿地与实现土地价值的矛盾，完善了绿地的城市功能。同时可补偿绿地、水系景观部分建设和管理费用，加强城市综合防灾能力。

　　该停车场提供停车泊位 365 个，其中立体停车位 256 个、普通停车位 109 个[5]。运用国内领先的智能停车综合管理系统,具备场内智能引导、车位预定功能、反向寻车系统等智能功能。

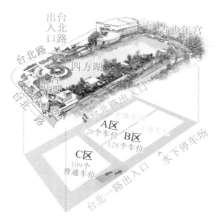

<table>
<tr><td>(a) 平面示意图</td><td>(b) 现场照片</td></tr>
</table>

图 3-22　武汉水下停车场

资料来源:职文胜、陈卓

3）无锡太湖科技园

无锡太湖科技园区(图 3-23)是国内地下市政设施集约化建设运用较为成功的案例。园区利用地下水源热泵设施[①]与地下雨水贮留设施、地下中水处理设施,共同完成循环节能再利用的最终目标。由水源热泵所提取的热能,输送至服务片区的各建筑里提供供暖之用。

<table>
<tr><td>(a) 地下水源热泵设施</td><td>(b) 地下水源热泵模型</td><td>(c) 地下中水处理设施实景</td></tr>
</table>

图 3-23　无锡太湖科技园区地下水源热泵设施、地下中水处理设施

资料来源:南京慧龙城市规划设计有限公司地下空间数据库信息系统

---

① 地下水源热泵是利用地球水所储藏的太阳能资源作为冷、热源,进行转换的空调技术。

4）地下综合管廊试点

2014年，全国加强城市基础设施建设全面开展，2015年初，首批地下综合管廊试点城市名单确定。地下基础设施的建设将为城市公共安全护航，增强城市综合承载能力、提高城市运行效率。

根据财政局公示的首批地下综合管廊试点城市名单（图3-24），试点城市涉及地下空间3个不同发展分区。随着综合管廊的启动，将带来这些城市新的一轮以地下市政为基础的地下空间建设高潮。

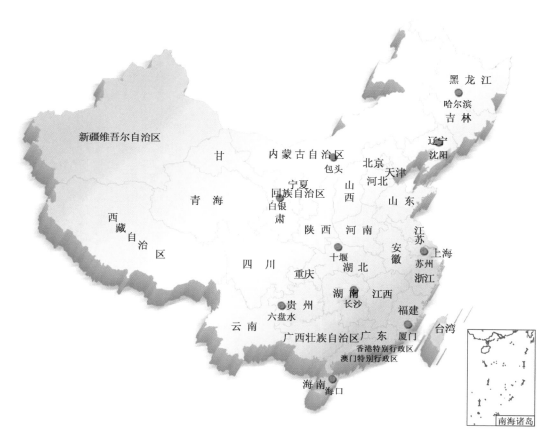

图3-24　地下综合管廊试点城市分布

W

4

行业与市场

- 智力行业发展　· 轨道交通行业发展
- 技术装备行业发展

hite paper

4.1 智力行业发展

4.1.1 产业与市场

1. 近 5 年地下空间市场

地下空间市场尚处于培育和发展阶段,地下空间项目数量和市场额度总体来说处于增长态势,从业人员数量和职业素养在逐年提高。但受宏观经济形势和政策的影响,2014 年度全国地下空间规划市场呈现萎缩态势,全年市场产值约为 7 220 万元,同比上年度减少约 25%。预计在未来的 1~2 年内地下空间市场还将持续低迷。如图 4-1 和图 4-2 所示。

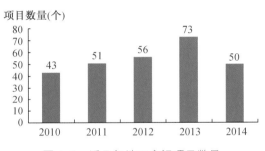

图 4-1　近 5 年地下空间项目数量

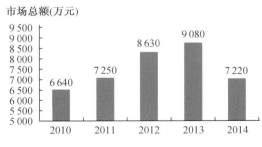

图 4-2　近 5 年地下空间市场份额

2. 2014 年地下空间市场分析

1) 项目类型及市场份额

截止到 2014 年底的统计数字显示,2014 年各类地下空间项目中,54% 的项目为地下空间总体规划,26% 的项目为地下空间控制性详细规划,而地下空间设计和专题研究仅占所有项目的 20%。如图 4-3 和图 4-4 所示。

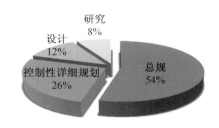

图 4-3 2014 年各类型地下空间项目数量比例

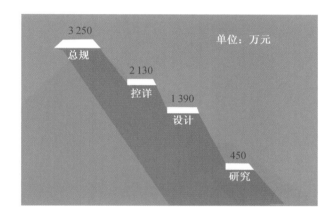

图 4-4 2014 年地下空间市场份额

资料来源:各省招标采购网站、规划建设局、设计单位官网

（1）地下空间总体规划。

经过长期的实践和探索,无论是市场发展、规划体系、规划理论都已相对成熟,但受限于规划层次的限制,仍需要下位详细规划配合补充。

（2）地下空间详细规划。

编制地下空间详细规划的地区集中分布在城市中心区和新区,难以达到像地面控制性详细规划的全覆盖,一方面,规划需求偏弱;另一方面,管理部门对地下空间的认识不足。

（3）地下空间设计。

地下空间设计多以开发建设公司为主导的项目为主,该类型的地下空间市场仍待进一步发育和扶持。

（4）地下空间研究。

地下空间研究仍以配合地面城市总体规划编制的专项报告为主,并无单独编制的地下空间专题研究。

2）编制经费

（1）编制经费区间。

地下空间编制经费呈现出较为均衡的态势。其中，200 万元以上的项目约占全部项目的 1/4；50 万～200 万元的项目约占全部项目的 1/2。平均单个项目编制经费为 114 万元。单个项目编制经费最大的为 648.6 万元，最小的为 14.5 万元。如图 4-5 所示。

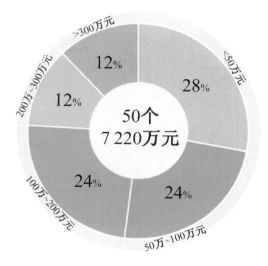

图 4-5　2014 年编制经费区间分布

（2）编制经费统计。

① 按省/自治区/直辖市统计。

2014 年度组织编制地下空间规划设计的省/自治区/直辖市共有 14 个，约占所有省级行政单位的 40%，大部分集中在东、中部地区。

其中，东部省份 6 个（河北、山东、江苏、浙江、福建、广东）、中部省份 6 个（山西、吉林、安徽、河南、湖北、广西）、西部省份 2 个（四川、云南）；沿海省份 7 个（河北、山东、江苏、浙江、福建、广东、广西）；内陆省份 7 个（吉林、山西、河南、安徽、湖北、四川、云南）。如图 4-6 所示。

② 按城市/区县统计。

2014 组织编制地下空间项目的城市大多数仅有 1 个地下空间项目；2～3 个项目的城市有 5 个（昆明、广州、佛山、南宁、南京），编制地下空间项目最多的城市为郑州，全年共计 6 个项目，总编制费用约 760 万元，平均每个项目 127 万元。平均单个项目编制费用最高的城市为深圳（648.6 万元），最低的为宁晋县（14.5 万元）。如图 4-7 所示。

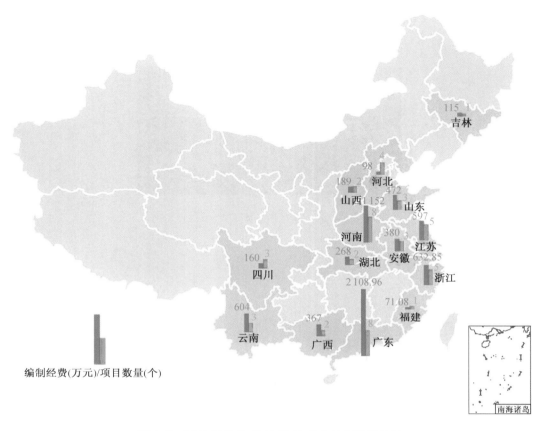

图 4-6　2014 年各省/自治区/直辖市编制经费统计

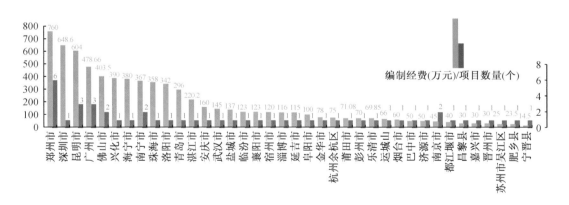

图 4-7　2014 年各城市编制经费统计

　　组织编制地下空间规划设计项目的城市包括:省会/副省级城市 8 个、地级市(含省辖市)18 个、区县(含县级市)12 个,集中分布在环渤海城市群、中原城市群、长三角和珠三角区域。

从统计数据上看,地级市仍是地下空间规划项目来源的主体,约 50% 的项目来自于此类城市。如图 4-8 和图 4-9 所示。

图 4-8　2014 年项目所在城市/区县类型比例

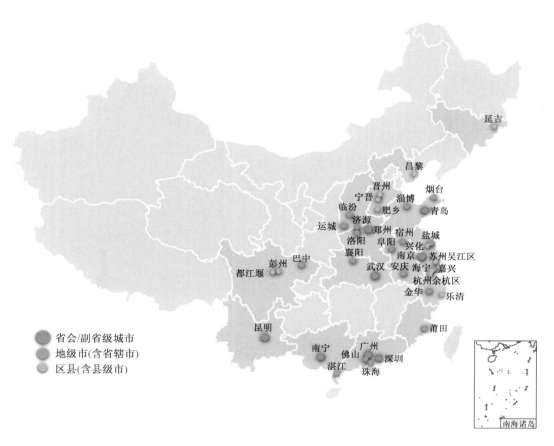

图 4-9　2014 年地下空间项目所在城市/区县分布

3) 编制城市概况

组织编制地下空间规划设计的城市其经济发展水平较高,地下空间开发需求较大,对地下空间开发利用的认识较强。如图 4-10 和图 4-11 所示。

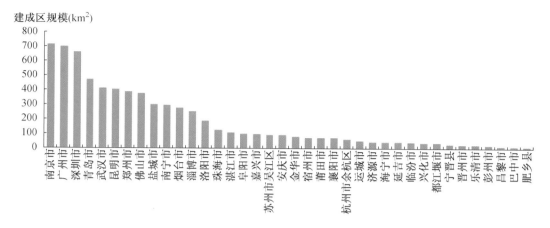

图4-10 2014年项目所在城市/区县建成区规模

资料来源:各省/城市统计年鉴

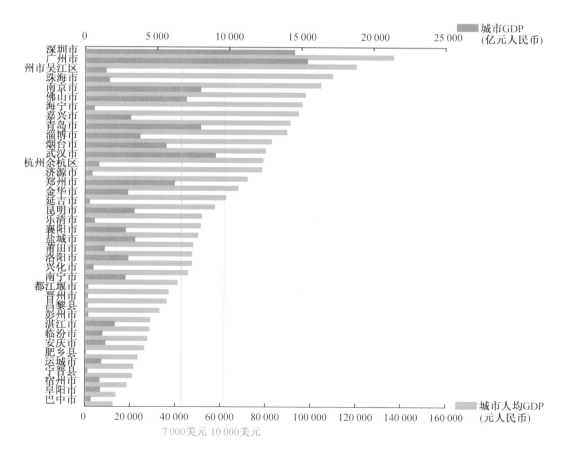

图4-11 2014年项目所在城市/区县经济发展水平

资料来源:各省/城市统计年鉴和统计公报

4）相关产业

受惠于地下空间市场的增长,相关行业发展也得到了进一步的加强,如招商引资、策划、宣传、规划设计、多媒体、印刷制作等相关行业,市场潜力十分巨大。

4.1.2　编制机构

1. 委托单位类型

2014年的统计数据显示,近50%的地下空间项目委托/招标单位为当地规划建设局(图4-12)。人员配备齐全、专业水平高、经验丰富是规划建设局主导规划编制的重要原因。

开发建设公司委托的项目也占了相当大的份额。

受人员配备和业务水平等因素的限制,由人防办、管委会等机构直接委托的项目较少。

由规划局和人防办联合委托的项目,多以规划局为主导、人防办配合(提供资料及编制资金等)。

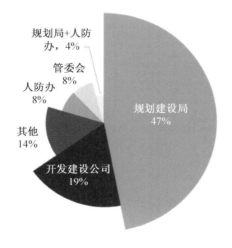

图4-12　2014年委托单位类型及比例

2. 编制机构分布

地下空间编制机构集中分布在东部经济发达的城市(图4-13)。这些城市不仅规划编制和研究机构云集,设计水平和业务能力也比其他地区高。2014年地下空间项目主要编制机构如表4-1所列。

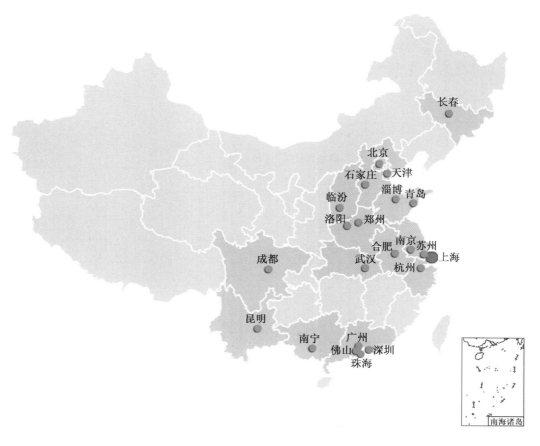

图 4-13　2014 年地下空间项目编制机构分布

表 4-1　2014 年地下空间项目主要编制机构一览表

所在地	机构名称
北京	北京清华同衡规划设计研究院有限公司
上海	上海市地下空间设计研究总院有限公司
	上海市政工程设计研究总院(集团)有限公司
	上海同济城市规划设计研究院
	同济大学地下空间研究中心
	上海市城市建设设计研究总院
天津	中国市政工程华北设计研究总院有限公司
南京	中国人民解放军理工大学
	江苏省城市规划设计研究院
	南京慧龙城市规划设计有限公司

续表

所在地	机构名称
深圳	深圳市城市交通规划设计研究中心有限公司
广州	广州市城市规划设计所
	华南理工大学建筑设计研究院
杭州	浙江省城乡规划设计研究院
	杭州市城市规划设计研究院
合肥	安徽省城乡规划设计研究院
	合肥市规划设计研究院
郑州	郑州市规划勘测设计研究院
	河南省人防建筑设计研究院有限公司
洛阳	中国人民解放军总参谋部工程兵科研三所
	洛阳市规划建筑设计研究院有限公司
武汉	武汉市规划研究院
昆明	昆明市规划设计研究院
青岛	青岛市城市规划设计研究院
珠海	珠海市规划设计研究院
长春	吉林省平战人防工程规划咨询有限公司
佛山	佛山市城市规划勘测设计研究院
南宁	南宁市城乡规划设计研究院

注：项目仅限地下空间规划，不含建筑设计、人防设计、轨道设计等，表中所列机构排名不分先后。
资料来源：各省招标采购网站、规划建设局、设计单位官网。

3. 编制机构类型

1）编制机构归属地

地下空间规划具有很强的专业性，因为大城市在人才和资源集聚方面的特点，因此在市场竞争和开拓方面中占据优势。据统计，3/5 的项目由外地设计机构获得；同时由于地域因素和人脉的影响，仍有 2/5 的项目编制由项目所在地的设计机构承担。如图 4-14 所示。

2）编制机构合作方式

大部分地下空间项目为单个机构独立编制。少数项目由于应标单位人员配备、资质等因素，或招标单位的要求，以联合体的形式进行编制。如图 4-15 所示。

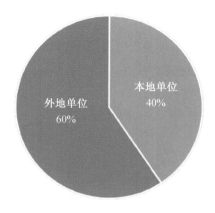

图4-14 2014年地下空间项目编制机构归属地

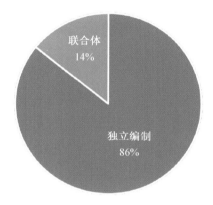

图4-15 2014年地下空间项目编制机构合作方式

3）编制机构性质

由于人才和业务上的垄断地位，由部/省/市属设计院改制后的设计机构承揽了大部分地下空间规划项目，70%的地下空间业务由此类设计机构承担。如图4-16所示。

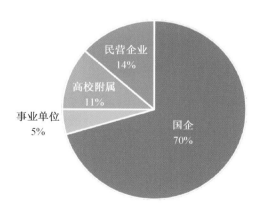

图4-16 2014年地下空间项目编制机构性质

4）编制机构资质等级

大部分编制机构具有规划甲级或乙级资质,仅有少数项目由规划丙级或其他资质（人防甲级、建筑甲级等)的设计机构承担。如图 4-17 所示。

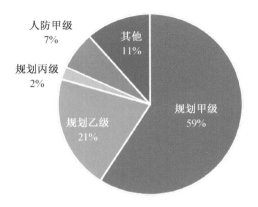

图4-17　2014 年地下空间项目编制资质等级

5）编制机构专业度

专业从事地下空间规划项目的机构仅占不到 1/5 的比例,但其项目来源比较稳定,设计水平高,业内影响力也很大。而综合类的设计机构,受其他业务的带动,地下空间市场的开拓潜力较大。如图 4-18 所示。

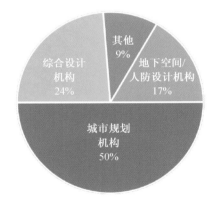

图 4-18　2014 年地下空间项目编制专业度

4. 编制机构排名

1）2014 年编制机构产值

受行业形势和人事变动等因素的影响,部分规划设计机构 2014 年的产值(图4-19)和往年相比波动较大。

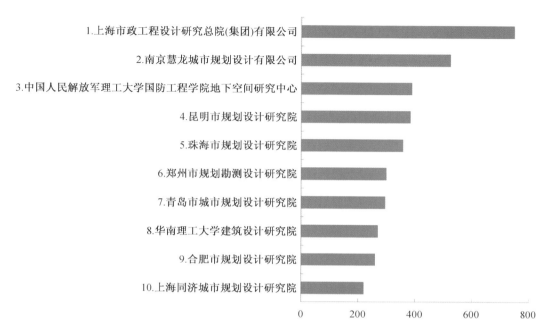

图 4-19　2014 年地下空间项目编制机构产值(单位:万元)

2) 近 5 年编制机构排名

专业地下空间编制机构产值与数量(仅统计规划项目,不含轨道设计、建筑设计等)普遍高于一般规划设计机构。近 5 年项目数量排名前 10 的规划设计机构(表 4-2)中,大部分为专业地下空间设计机构或具有专门从事地下空间规划部门及专职规划设计人员的机构。

表 4-2　近 5 年地下空间编制机构数量排名

排名	编制单位	所在城市
1	北京清华同衡规划设计研究院有限公司	北京
2	中国人民解放军理工大学	南京
3	南京慧龙城市规划设计有限公司	南京
4	上海同技联合地下空间规划设计研究院	上海
5	上海市政工程设计研究总院(集团)有限公司	上海
6	杭州市城市规划设计研究院	杭州

续表

排名	编制单位	所在城市
7	上海市地下空间设计研究总院有限公司	上海
8	中国人民解放军总参谋部工程兵科研三所	洛阳
9	北京市城市规划设计院	北京
10	上海同济城市规划设计研究院	上海

注:统计对象仅含规划项目,不含轨道设计、建筑设计等,以网上公开数据为准。

3) 城市产值

可获得的按城市为单位的统计数据表明(图 4-20),城市产值以上海(1 389.13 万元)为首,南京(1 035 万元)排在第二位,远远高于其他城市。设计机构多、项目收费高是上述两个城市领先其他城市的最主要原因。

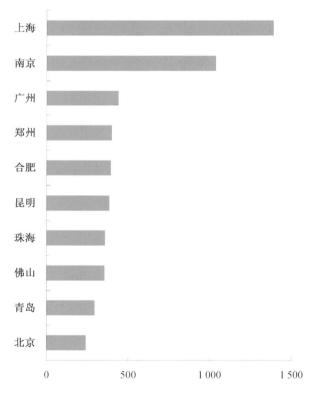

图 4-20 2014 年城市地下空间项目产值前 10 位(单位:万元)

4) 省/自治区/直辖市产值

统计数据表明,地下空间规划产值的地域性集聚十分明显,集中在长三角、珠三角、中原城市群几个区域。如图 4-21 所示。

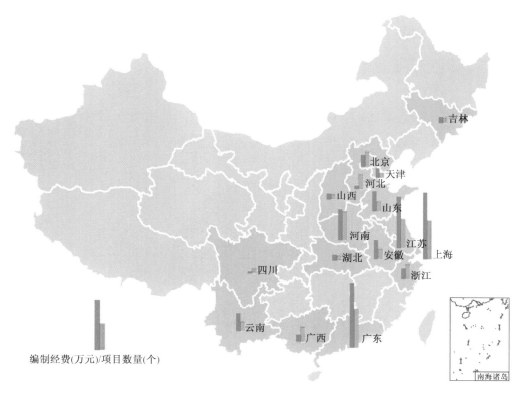

图 4-21　2014 年省/自治区/直辖市地下空间项目产值

从 2014 年度各省的产值统计来看,地下空间规划设计市场的垄断趋势十分明显,仅上海、广东、江苏、河南 4 省/直辖市的产值就占据了全国总产值的 2/3。如图 4-22 所示。

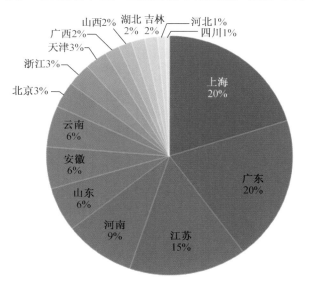

图 4-22　2014 年省/自治区/直辖市地下空间项目产值份额

4.1.3 从业人员

1. 资深从业人员

1）就职情况

资深从业人员大部分从事规划设计咨询和研究工作,约占 70%;20%的人员在政府部门从事规划管理工作;少部分就职于开发公司。如图 4-23 所示。

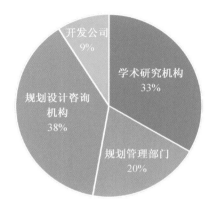

图 4-23　资深从业人员就职单位

2）性别比例

受专业教育、行业工作强度等因素的影响,男性从业人员数量仍在行业内居于主导地位。如图 4-24 所示。

图 4-24　资深从业人员就职单位

2. 学术带头人(表 4-3)

地下空间领域主要的学术带头人如表 4-3 所列。

表 4-3　地下空间领域学术带头人

序号	机构名称	机构类型	学术带头人
1	中国人民解放军理工大学	研究型	钱七虎(院士)
2	中国人民解放军理工大学	研究型	陈志龙
3	清华大学	研究型	童林旭
4	同济大学	研究型	彭芳乐
5	上海市政工程设计研究院(集团)有限公司	经营型	俞明健
6	上海同技联合地下空间规划设计研究院	经营型＋研究型	束昱
7	北京市城市规划设计研究院	经营型	石晓冬
8	深圳市规划国土发展中心	管理型	顾新
9	南京慧龙城市规划设计有限公司	研究型＋经营型	王玉北

钱七虎

中国岩石力学与工程学会地下空间分会名誉理事长，中国工程院院士。

从事防护工程设计计算理论教学与科研近 40 年，主要专著有《民防学》、《有限单元法在工程结构计算中的应用》和《防护结构计算原理》等 4 部，著有论文 40 余篇。

钱七虎(院士)

童林旭

中国岩石力学与工程学会地下空间与工程分会副理事长，中国勘察设计协会地下空间分会常务理事，美国地下工程协会（AUA）荣誉会员；清华大学教授，享受国务院特殊津贴。

从事地下空间与地下建筑的教学、科研和规划设计工作 30 多年。主持和参与多项地下空间方面的研究工作，其中有 3 项获部、省级奖。在国内外学术刊物和学术会议上发表论文 80 余篇。

童林旭

陈志龙

中国岩石力学与工程学会地下空间分会理事长，教授、博士生导师。总参优秀中青年专家，享受国务院特殊津贴。

获国家科技进步一等奖 1 项，军队（省、部）级科学技术进步一等奖 2 项、二等奖 7 项、三等奖 4 项，出版学术专著 7 部，发表论文 200 多篇。承担国家自然科学基金委创新群体资助项目 1 项，国家自然科学基金面上项目 4 项，以及国家、军队、国家人防办重点课题 20 多项，其他省（部）级项目 10 项。

陈志龙

束昱

同济大学教授、留日归国学者，国内外著名地下空间学与人居环境研究专家。

曾参与我国第一部地下空间开发利用管理法规以及"九五"、"十五"期间我国城市地下空间发展规则纲要的研究与编制。曾获多项国家和省市科技进步成果奖，出版专著多部，发表科研论文 100 余篇。

束昱

4.2 轨道交通行业发展

城市轨道交通是城市公共交通系统的一个重要组成部分，具有快速、准时、占地面积小、运量大、运输效率高等特点，能够有效地缓解城市地面交通拥堵问题，是一种大容量运输交通方式，具有良好的社会效益。据数据统计分析预测，未来 10 年中国整个城市轨道交通建设市场的容量仍相当巨大。

4.2.1 行业现状

城镇化推进城市快速发展、城市人口的增长，机动车保有量飞速上升，使得中国大中城市的交通形势日趋严峻。中国传统的公共交通方式主要采用运量较小的公共汽车,部分城市也建设了中、小运量的有轨电车,仍无法有效地缓解高峰客流,城市发展迫切需要轨道交通建设的大力支持。

轨道交通行业内部之间市场竞争程度很弱,其竞争主要表现在规划和审批环节。

截止到 2014 年底,北京、上海、广州和深圳的轨道交通企业规模大,发展也快,而内地二线城市目前整体还处于酝酿阶段,竞争力相对较弱。

4.2.2　产业政策

2014 年 5 月,国家发改委为解决基础设施资金不足问题,发布《关于发布首批基础设施等领域鼓励社会投资项目的通知》(发改基础〔2014〕981 号),决定在基础设施等领域首批推出 80 个鼓励社会资本参与建设营运的示范项目,涵盖铁路、公路、港口等,北京地铁 16 号线和深圳地铁 6 号线入选,这有利于优化投资结构,推动相关领域扩大向社会资本开放。

2014 年 9 月 3 日,郑州和南通城市轨道交通近期建设规划(2014—2020 年)获批。2014 年 12 月 8 日,合肥市城市轨道交通近期建设规划(2014—2020 年)获批。如表4-4所列。

表 4-4　国内部分获批城市轨道交通建设规划

序号	规划名称	项目建设期	项目总投资(亿元)
1	哈尔滨城市轨道交通近期规划	2008—2018 年	562.20
2	上海城市轨道交通近期规划	2010—2015 年	167.91
3	常州城市轨道交通近期规划	2011—2018 年	336.50
4	兰州城市轨道交通近期规划	2011—2020 年	229.22
5	厦门城市轨道交通近期规划	2011—2020 年	503.70
6	沈阳城市轨道交通近期规划	2012—2018 年	610.38
7	广州城市轨道交通近期规划	2012—2018 年	1 241.00
8	太原城市轨道交通近期规划	2012—2018 年	309.29
9	石家庄城市轨道交通近期规划	2012—2020 年	421.94
10	内蒙古呼包鄂地区城际铁路规划	2012—2020 年	—
11	江苏省沿江城市群城际轨道交通网规划	2012—2020 年	—
12	青岛市城市轨道交通近期建设规划	2013—2018 年	—
13	无锡市城市轨道交通近期建设规划	2013—2018 年	—
14	宁波市城市轨道交通近期建设规划	2013—2020 年	—
15	东莞市城市轨道交通近期建设规划	2013—2019 年	747.56

续表

序号	规划名称	项目建设期	项目总投资（亿元）
16	西安市城市轨道交通近期建设规划	2013—2018 年	475.01
17	郑州市城市轨道交通近期建设规划	2014—2020 年	798.48
18	南通市城市轨道交通近期建设规划	2014—2020 年	397.13
19	合肥市城市轨道交通近期建设规划	2014—2020 年	787.84

资料来源：中华人民共和国国家发展和改革委员会官网

4.2.3 行业供给

1. 运营线路

截至 2014 年底，全国轨道交通运营城市达 25 个，比上年增加 3 个（长沙、宁波、锡）；当年新增运营线路长度为 427 km。轨道交通运营线路总计达到 109 条；运营长度总里程达到 3 192 km；运营车站总数达到 2 108 座。如表 4-5 所列。

表 4-5　截至 2014 年底中国城市轨道交通开通路线网络

序号	城市	运营里程（km）	运营线路（条）	运营车站数（座）	备注
1	上海	578	15	337	含磁悬浮线
2	北京	527	18	325	—
3	广州	256	9	164	含佛山地铁,不含有轨电车、APM
4	香港	221	10	86	不含轻轨
5	重庆	202	5	121	含单轨
6	南京	180	5	92	不含有轨电车
7	深圳	179	5	131	—
8	天津	140	4	87	不含有轨电车
9	台北	129	7	116	—
10	大连	106	4	87	不含有轨电车
11	武汉	96	3	78	—
12	杭州	66	2	44	—
13	成都	61	2	49	—
14	昆明	59	3	33	—

续表

序号	城市	运营里程 (km)	运营线路 (条)	运营车站数 (座)	备注
15	无锡	56	2	46	—
16	沈阳	54	2	44	—
17	苏州	52	2	46	不含有轨电车
18	西安	52	2	40	—
19	长春	48	2	49	不含有轨电车
20	高雄	43	2	37	—
21	郑州	26	1	20	—
22	长沙	22	1	24	—
23	宁波	21	1	20	—
24	佛山	—	1	14	里程数计入广州地铁
25	哈尔滨	18	1	18	—
	合计	3 192	109	2 108	—

资料来源：城市轨道交通 2014 年度统计分析报告、部分数据引自维基百科

研究发现,轨道交通站点间距较大的城市(图 4-25)除重庆因为地理条件影响外,均处于地下空间发展结构中"三心"上。轨道交通缩短了城市的时空距离,1 小时交通圈的城市覆盖范围更广,同时带来了沿线房地产与地下空间,尤其是地下商业的开发。站点间距较大的城市也正与样本城市中第三产业比重靠前城市相吻合。

2. 客运总量[6]

据中国城市轨道交通协会数据显示,2014 年全年客运总量 126 人次,比上年增加 16 亿人次,增长 15％。

运营城市中,全年客运量超过 20 亿人次的有 4 个城市:北京 33.9 亿人次,上海 28.3 亿人次,分列全球主要城轨城市客运量的第一位和第二位,前十位的还有广州 22.23 亿人次,香港 16 亿人次,分列第六位和第十位。

4.2.4　行业重点

1. 规模效应

城市轨道交通具有明显的规模经济特征,体现在轨道交通发挥作用以路网规模为前提,覆盖面与交通效率正相关。2014 年,我国轨道交通建设快速发展,但仍未形成规模效应,与其他交通方式衔接匹配度仍不理想。

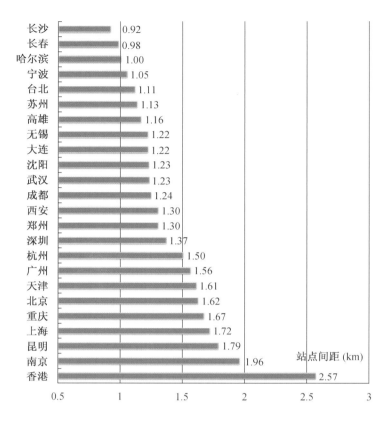

图 4-25　截至 2014 年底中国城市轨道交通站点间距

数据来源：维基百科

根据南京慧龙城市规划设计有限公司地下空间数据库信息系统显示，目前轨道交通占城市公共交通运量的比例，巴黎 70%、东京 80%、纽约 60%，中国台北、中国香港均不低于 40%，而中国大陆指标不超过 15%。除了北京、上海、广州，整体城市轨道交通线路单一，未能形成覆盖网络，运输规模小，综合能力不配套，则势必造成单位成本较高，影响到行业整体经济效益水平。

2. 安全运营

国内各城市的轨道交通系统在实践中不断探索和积累，并总结出一系列适合自身特点的安全管理办法，但是还没有形成一套成熟的体系，地铁站也成为一个事故伤害率最高和波及范围最广的场所之一。轨道交通系统运营安全性亟待完善。

据不完全统计，2014 年，全国共发生轨道交通事故 6 起（图 4-26 和图 4-27），造成一次次无法估量的人员伤亡和财产损失，完善城市公共安全刻不容缓。未来，建立系统的地铁安全管理体系，加强地铁系统的硬件和软件环境建设，营造地铁安全文化氛围等将对保障社会公共安全、指导中国轨道交通长期、安全的建设运营都有着重要意义。

2014年轨道交通系统运营安全大事记
4月4日 北京在建地铁7号线工地发生塌陷
4月28日 兰州地铁1号线施工工地发生塌方事故
5月8日 深圳地铁龙华线发生火灾，乘客被迫疏散
7月31日 杭州市区施工不当导致河水倒灌地铁4号线基坑，发生路面塌陷
10月7日 南宁轨道1号线盾构施工坍塌
11月6日 北京地铁5号线安全门问题致死

图 4-26　2014 年轨道交通系统运营安全大事记

数据来源：Google

4月4日北京地铁工地塌陷事故

4月28日兰州地铁工地塌方事故

7月31日杭州施工塌陷事故

图 4-27　2014 年轨道交通事故回顾

数据来源：Google

4.2.5　产业链分析

1. 轨道交通建设涉及行业

2014 年，全国"城轨热"持续升温，截至 2014 年底，全国有 47 个城市获得城轨项目建设资格。2014 年至 2020 年，城轨车辆年均需求预计约 4 000 辆[7]。

轨道交通建设所涉及的产业链较为庞大，上游主要是基础建筑领域的企业，包括土木工程、隧道等承接商以及工程机械类企业，中游包括车辆制造企业，以及牵引供电系统、通信信号系统等电气设备企业，下游为公共运营、客货运输等产业。如图 4-28 和图 4-29 所示。

2. 其他相关产业

据测算，轨道交通建设投资对 GDP 的直接贡献为 1∶2.63，即每投入 1 亿元轨道交通建设资金拉动 GDP 增长约 2.6 亿元，上下游产业如工程基建、装备制造、钢铁、水泥等行业都会从中受益。其带动沿线周边物业发展和商贸流通业的繁荣等间接贡献则更高。

图 4-28 轨道交通行业产业链示意图

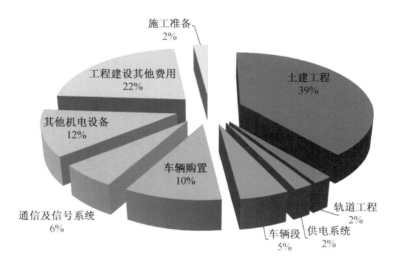

图 4-29 城轨地铁和城际铁路投资总额构成

资料来源:城市轨道交通行业 2014 年度研究报告

1) 地产业

地铁沿线住宅物业与非沿线住宅物业的差价一般在 25% 甚至更多。

2) 媒体广告业

位于轨道交通车站、车辆内部的装饰性广告构成了对乘客全程覆盖的广告环境,视觉冲击力较强,能够发挥较为理想的宣传效应。

3) 商品零售业

随着轨道交通网络建设的全面开展,轨道交通站点成为大规模的人员集散地,产生较强的购买力。由于交通便利，客流量大，城市轨道交通站点，尤其是城市中心区的换乘站能够形成大规模的商业区。

4.3 技术装备行业发展

4.3.1 技术发展与创新

1. 勘测与地质预报

遥测遥感、多点高频物探和高速地质钻机的综合使用，使得地质及水文资料的信息量和准确度大为增加。地球卫星定位系统（GPS）的采用，不但使野外勘测的效率倍增，费用减少，而且控制精度等级也有较大提高。含水构造超前预报三维定位与水量估算技术的应用，实现了隧道前方80 m含水构造的三维电阻率成像，利于探测含水构造的规模和空间展布，实现了钻孔周围15 m范围含水构造的精细化探测。

2. 设计

尽管在隧道及地下工程设计理论与方法上没有大的创新与突破，但科研工作者在围岩荷载、水压力取值、岩体微观力学行为方面做了大量的研究与探索。在设计方面引入三维图，特别是建筑信息模型（Building Information Model，BIM）技术的应用，集空间结构、物料特性、工艺设计、全生命周期管理于一体，进行了探索并进行了试点性应用。

3. 施工

浅埋暗挖法处于世界领先水平；盾构、全断面隧道掘进机（Tunnel Boring Machine，TBM）处于世界先进水平；沉管法隧道工程技术进步显著；钻爆法机械化水平初见成效。

4. 防灾减灾与通风照明

长大隧道的运用安全与隧道的通风照明关系密切。在这方面，终南山特长公路隧道采用竖井通风和设置人为景观缓解疲劳。

开展了反光材料（含自发光材料）在隧道节能照明中的基础理论和辅助功能的系统研究，解决了反光材料与常用光源的匹配问题，提出等效节能照明理念，为隧道照明节能开辟了途径。

5. 风险控制与运营管理

提出了施工失效引发人员、设备、工期损失的动态风险评估的定量方法；并提出基

于监测数据的隧道施工对邻近构筑物影响的动态风险评估方法。

6. 防水排水新材料与新工艺应用

喷涂速凝型防水技术(聚脲、聚丙烯酸盐、橡胶沥青等材料及相关技术)异军突起。能与混凝土"咬合"的防水卷材(预铺高分子类)、防水毯等广泛应用。

4.3.2 工程装备进展

2014年国内有多个城市的地铁、地下隧道、综合管廊等地下项目投入建设,南水北调、铁路隧道等大型项目建设方兴未艾,强劲的需求带来了掘进、支护、防水、内部环境、施工监测等工程技术的迅速发展。目前我国已有中铁隧道、多家企业形成了较为完整的工程产业链。

4.3.3 装备"走出国门"

近年来,随着中国高铁和轨道装备的迅速发展,中国北车、中国南车(合并前)包揽了国内所有动车组市场,80%以上的货运列车,以及大部分地铁车辆份额。根据德国轨道交通权威机构出版的《世界铁路技术装备市场》统计,截至2014年,全球轨道交通装备市场中,中国北车和中国南车分居前两位,其后分别为加拿大庞巴迪、德国西门子、法国阿尔斯通。中国企业的营收增速远远快于国际同行[8]。

2014年,中国轨道装备行业及相关行业正在逐步实现"走出去"的战略。

1. 稳固亚洲市场

2014年中国中铁自主研发的两台盾构机在马来西亚吉隆坡新捷运地下工程北段项目("MRT项目")工地圆满完成了处女秀(图4-30)。50号盾构已于10月29日贯通,MRT项目盾构区间已实现全部贯通。[9]

2014年底铁建重工与伊朗 General Mechanic 公司签订了用于德黑兰下水道建设的 ZTE3630 土压平衡盾构机的销售合同。[10]

2. 拓展亚欧市场

土耳其首都安卡拉地铁3号线2014年2月12日举行了通车仪式。该线路采用欧洲标准,由西班牙公司施工建设,车厢则全部采用中国南车株洲电力机车有限公司设计制造的不锈钢地铁列车(图4-31)[11],是中国地铁列车制造技术走向海外的又一项成功标志。贯穿于安卡拉郊区县市的地铁3号线全长15.5 km,与安卡拉市区地铁相连接,而中国南车的地铁轻轨车辆也早在2010年就在土耳其第三大城市伊兹密尔的街道间穿行了。通过这两个项目,中国南车在土耳其以至于欧洲都建立起来"中国品牌"的形象。

图 4-30 马来西亚第一地铁盾构区间隧道施工

资料来源：http://chnrailway.com/html/20131226/331559.shtml

图 4-31 中国制造的土耳其地铁 3 号线列车

资料来源：http://gb.cri.cn/42071/2014/02/13/6071s4421645.htm

3. 迈向南半球市场

随着第四台出口悉尼盾构机撑紧盾即将在七轴五联动机床完成最后的孔加工工序，北方重工集团有限公司重大部件加工分公司历时半年为出口悉尼盾构机生产加工大型关键部件（图 4-32）的任务完美收官[12]。此前，北方重工将盾构机开进煤炭巷道，设计制造了世界首台煤矿岩巷全断面掘进机，不仅开创了盾构机产品一个新的应用领域，而且解决了目前煤矿岩巷掘进速度慢的瓶颈问题，将传统煤炭挖掘效率提高了4 倍。

图 4-32　出口悉尼盾构机部件

资料来源：http://www.cinn.cn/qiy/qyzh/332556.shtml

W
hite paper

5

技术与装备
- 工程技术
- 装备制造

5.1 工程技术进展

地下工程技术的革新主要围绕两个方面开展[13]：一是防范施工风险，防水、防软、防变形；二是优化工程设计，利用岩土自身固有的自承和自稳能力，减少扰动，提升自身自承、自稳能力。

5.1.1 掘进与支护技术进展

2014年，我国在爆破综合技术方面取得重大突破。双套管偏心水耦合切缝聚能爆破综合技术为国内首创，处于国内领先水平，填补了我国隧道爆破施工技术的空白，在中国工程爆破协会20周年大会上获2014年第七届中国工程爆破协会科学技术二等奖[14]。该科技成果的开发运用能节省炸药使用量，提高隧道光面爆破质量，提高隧道围岩的安全，有效控制超挖，减少初支二衬混凝土用量，加快施工工期。经统计，利用该技术比常规光面爆破节省投资约150万元/km，可降低施工成本、减少能源消耗，有助于改善隧道工程技术人员及施工人员的工作环境。

在隧道围岩施工技术方面，为应对隧道围岩施工开挖中的大变形情况，解决变形速度快、持续时间长、变形量大等问题，应用了接头可缩、可转式预制钢筋混凝土弧板支护和"边支边让—先柔后刚"新型可让压式锚杆，并在兰成铁路沿线软岩隧道群的工程中得到实践。

在竖向和水平旋喷法工艺方面，采用二重管/三重管高压旋喷桩（单液/双液注浆），经旋喷预加固对软弱、富水地基作改良处理后，有望提高围岩的自稳和自承能力，减少拱顶坍塌和超挖现象；可大幅加快开挖进度；易于管控拱顶下沉和围岩收敛变形；有效保障施工安全，简化施工工序，降低劳动强度和施工成本等，在浅埋暗挖软基隧道中预加固土层具有良好效果。此类工法在厦门翔安隧道东端和杭州紫之隧道南洞口得到应用。

由中国建筑交通建设集团负责建设的深圳地铁9号线大剧院至鹿丹村区间，两台盾构机历时22 d的掘进，于2014年12月8日凌晨1时成功切除137根房屋桩基，依靠信息化施工手段顺利穿越滨苑小区9、13号楼建筑群。盾构成功穿越世界罕见桩群，标志着深圳地铁9号线最大施工难点被攻克。这是深圳市地铁施工领域在极端条件下密集穿越建筑物桩基的首个典型案例[15]。

在海底隧道入海浅埋近段穿越饱水流砂地层的降水、固砂工程措施方面，传统的降水井降水或注浆作业在水压高、水流速大的情况下并不理想，因此用地下连续墙封闭水流、筑超前导洞、水平探水孔等工艺具有良好效果，在厦门翔安隧道东端洞口段施工过程中得到验证。

港珠澳大桥岛隧工程中，软土层深厚，采用了挤密砂桩进行大范围地基处理。

南水北调"穿黄"工程中穿黄隧道所用盾构机所用施工竖井深 76.6 m，外径 21 m，内径 18 m，深度为国内地下连续墙施工深度之最[16]。

淤泥快速固结技术方面，在船闸工程建设中，确保滩涂淤泥基坑开挖 10 m 深时，边坡不坍塌、不进水是一项世界性技术难题。目前，淤泥快速固结新技术破解了这项难题，填补了国内乃至国际技术领域内的空白[17]。这项技术是以原位淤泥为主体，加入少量的催化剂，使淤泥快速固结，固结强度由原来的 1 t～2 t 快速提升至 7 t～8 t。目前，这项技术已成功应用于江苏和浙江的多个项目上。

在预制化技术方面，国内对隧道与地下工程预制技术的研究尚处于起步阶段。与地上装配式建筑相比，地下工程装配式结构的相关设计理论和设计、施工规范都十分欠缺。当前，隧道及地下工程支护预制技术大多主要应用于盾构法施工隧道，其应用领域主要集中在城市地下工程中，如城市地下交通隧道、市政设施管道、引水隧道和越江跨海隧道等。未来隧道临时支护预制技术、隧道初期支护结构预制技术都是有重要应用意义的待研究领域[18]。

5.1.2 施工监测技术进展

2014 年，我国在施工过程中的安全监测方面有所发展。广州市住建委组织研发了"地下工程和深基坑无人值守实时监控预警系统"，可实现全天候无人值守实时监测，并在广州地铁房产坑口项目试点[19]。2014 年 12 月 8 日深圳地铁 9 号线于大剧院至鹿丹村区间切除 137 根房屋桩基，顺利实现穿越小区 5 栋居民楼。苏州火车站在高速铁路下方开出一条轨交通道，盾构区上方的铁路最大沉降被控制在 3 mm以内[20]。

在上海润扬大桥北锚碇深大基坑、外滩浦西进出口竖井基坑、上海地铁 4 号线区间盾构法交叠隧道施工中，应用人工神经网络智能预测方法和基于模糊逻辑法则的施工变形控制技术，实现了良好的效果，促进了地下工程施工变形的智能预测与控制技术发展。如图 5-1 所示。

当前我国大型地下工程错综复杂，设计、施工的信息化、立体化将成为趋势，鉴于

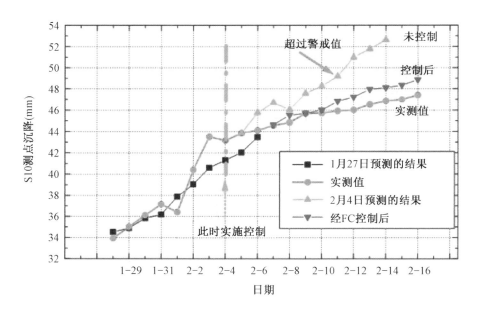

图 5-1　润杨长江公路大桥北锚碇基坑地表沉降控制效果示意

资料来源：孙钧

BIM 技术具有可视化、协同性、实时性、预见性等优势，其应用将是施工全过程精细化管理的必由之路。

5.1.3　新工艺新工法

"预筑落成法"科研课题获国家发明专利[21]。"预筑落成法"指地面预筑、整体下沉，即施工单位预先将带地下室的建筑物在地面上建好，通过数十个千斤顶将其"顶托"在桩基上，再缓缓"下沉"到地下，如图 5-2 所示。

该课题主要参考沉井沉箱施工原理，包括地下室在内的整个建筑预先在地面施工，利用地下室基础梁、可拆卸临时顶托桩、永久工程桩作为承托体系，在建地下室结构自身作为基坑支护，使用"可拆卸临时顶托桩＋大吨位碟簧箱＋千斤顶"装置，将上部结构与下部工程桩形成可升降的传力体系，整个建筑就好似落在一个大的"弹簧床"上，依次进行每个支点的微差下沉，最终实现建筑物整体微差下沉。待地下室下沉到设计标高后，浇筑底板进行嵌固。这种施工方法绿色环保，可省去浇筑基坑支撑墙的工序，同时实现上下同步施工、缩短施工工期。今后，还可以用组合式钢桩，代替需要破拆的水泥桩柱部分，每拆卸一部分，就往下降一部分，并且拆下的钢桩可重复使用。

图 5-2 预筑落成法示意

资料来源：http://zjsjb.ceepa.cn/show_more.php? doc_id=322996

5.2 装备技术水平

目前，我国地下工程装备正在走上国产化、自主研发的道路，与先进国家之间的技术差距正在逐渐缩小。以盾构施工技术为例，目前我国主要的生产厂家有中国中铁工程装备集团、中国铁建重工集团、上海隧道工程股份有限公司等，还有大批相关配件制造企业。与国外先进盾构技术相比，我国存在的差距主要表现在关键部件的材质和耐久性方面，需要进行不懈的开发、创新和积累，以形成我国独立的机械制造、隧道设计和施工管理技术[22]。

1. 国产首台大直径全断面硬岩隧道掘进机

2014 年 12 月 27 日，拥有自主知识产权的国产首台大直径全断面硬岩隧道掘进机（敞开式 TBM，图 5-3），在湖南长沙中国铁建重工集团总装车间顺利下线。其研制打破了国外的长期垄断，填补了我国大直径全断面硬岩隧道掘进机的空白[23]，对推动隧道施工产业进步具有革命性意义。

据悉，我国轨道交通、铁路建设、公路交通、水利水电、矿井建设、大规模输电、输水工程等基础设施对 TBM 市场需求巨大，大直径 TBM 将广泛应用于各个领域。

图 5-3　中国首台大直径全断面硬岩隧道掘进机

资料来源：http://news.cnr.cn/native/city/20141227/t20141227_517233845.shtml

2. 中州一号"顶"出世界之最[24]

上海城建隧道工程股份有限公司承建的世界最大断面矩形顶管隧道——郑州市纬四路下穿中州大道隧道（图 5-4）主线正式通车。该隧道工程完成了全国首次 110 m 长距离矩形顶管穿越，并将地面沉降控制在了 3 cm 以内。隧道矩形顶管断面 7.5 m×10.4 m，上海隧道工程股份有限公司为此工程专门研发设计、量身定做的"中州一号"矩形顶管掘进机，如此大断面的顶管机在国内施工尚属首次，是具有我国自主知识产权的超大顶管装备，也刷新了世界纪录。[25]

图 5-4　郑州市纬四路下穿中州大道隧道最大断面矩形顶管工程

资料来源：http://xmzk.xinminweekly.com.cn/Images/Upload/images/IMG_9483-1-1x.jpg
http://www.chinajsb.cn/zk/content/attachement/jpg/site2/20141208/001aa0564a8515ef59d704.jpg

W

hite paper

6

科研与交流

- 科研项目
- 专业教育
- 学术交流
- 公众认知

6.1 科研项目

6.1.1 学术论文数量

据统计,国内地下空间有关研究自 2000 年来即呈现高速增长态势,其中以"地下空间"和"地下工程"为主题的文献,年发表量至 2013 年达到顶峰,分别为 2 473 篇和 4 080 篇。如图 6-1—图 6-6 所示。

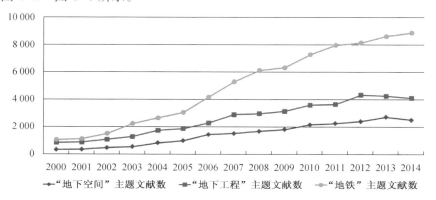

图 6-1 学术论文发表数量

数据来源:中国知网检索数据库

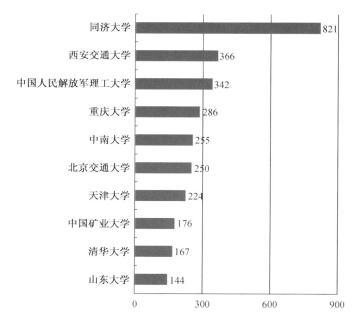

图 6-2 "地下空间"主题论文各机构累计发表量排名

数据来源:中国知网检索数据库

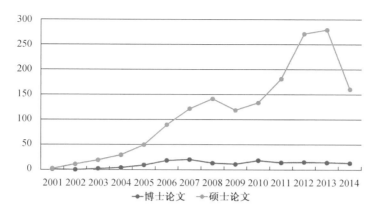

图 6-3 "地下空间"主题学位论文发表数量

数据来源：中国博士学位论文全文数据库、中国优秀硕士学位论文全文数据库

图 6-4 "地下空间"研究主要期刊及累计发表量

数据来源：中国知网检索数据库

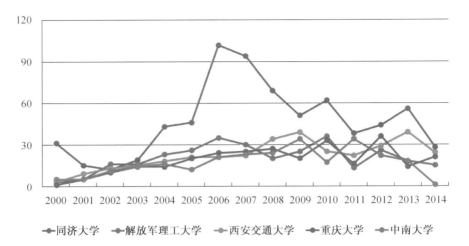

图 6-5 地下空间相关的代表性研究机构综合年发表量全国排名前五位分析

数据来源：中国知网检索数据库

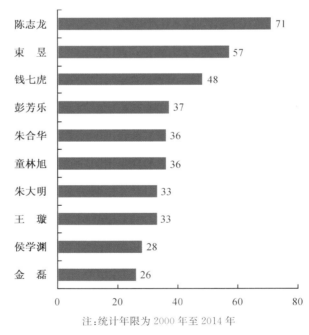

注：统计年限为 2000 年至 2014 年

图 6-6 "地下空间"主题文献作者统计（前 10 位）

数据来源：中国知网检索数据库

  2014 年全年，"地下空间"、"地下工程"主题学术论文数量稍有回落，反映了我国地下空间理论研究已到达一定瓶颈。而"地铁"主题持续升温，增速仍较快，这与我国当前 20 多个城市地铁快速建设、很多大中城市酝酿发展轨道交通的现状保持一致。

6.1.2 基金情况

以"地下空间"为主题的基金申请截至 2014 年共计 83 项,根据趋势可以发现,2009—2012 年期间,地下空间领域基金项目的申请在数量、总金额上保持稳定,2013 年单项金额巨大,但数量仅有 1 项,地下空间理论研究出现暂时性的放缓,这与学术论文的发表数量相吻合。经过 2013 年的调整和优化,2014 年基金总数量、单项平均金额较往年大幅增长,研究方向更注重城市发展与防灾运用。如图 6-7—图 6-9 和表 6-1 所列。

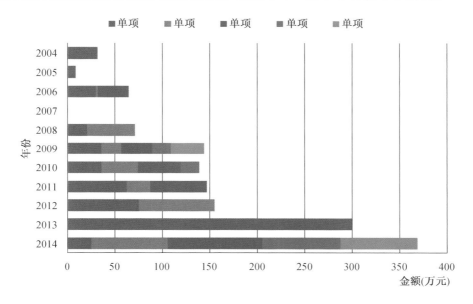

图 6-7　历年"地下空间"主题的基金情况一览表

数据来源:科学基金网络信息系统

表 6-1　2014 年"地下空间"主题的基金情况一览表

项目名称	负责人	单位
城市地上地下多重空间协同演化机理及形态整合量化评价研究	陈志龙	中国人民解放军理工大学
基于 GIS 空间分析的山地城市中心区地下空间紧凑立体化开发模式研究——以重庆市为例	袁　红	西南交通大学
软土地区地下室增层开挖条件下既有桩基承载性状研究	俞　峰	浙江理工大学
大型地下空间火灾传播与控制中的传热传质	杨　茉	上海理工大学
城市地下空间洪灾多元动态耦合云评估研究	刘永志	水利部、交通运输部、国家能源局、南京水利科学研究院

数据来源:科学基金网络信息系统。

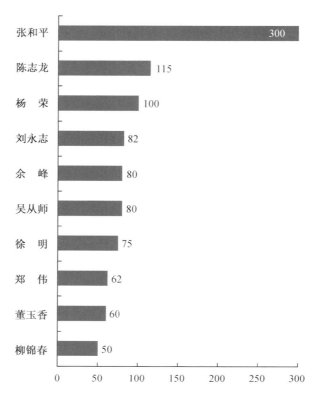

图6-8 "地下空间"主题的基金负责人中标金额前 10 位

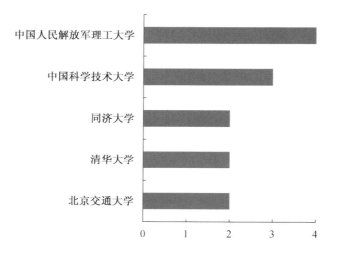

图6-9 "地下空间"主题的基金研究单位中标数前 5 位
资料来源:科学基金网络信息系统

6.1.3 出版专著

2014 年,地下空间主题的书籍数量激增,涵盖内容广泛,除了近年来一直关注的地下工程施工、安全防灾题材外,我国陆续出版了地下空间规划管理、智慧运用、经济学等方面的专著,地下空间发展更趋于智能化、规范化。如图 6-10 和表 6-2 所列。

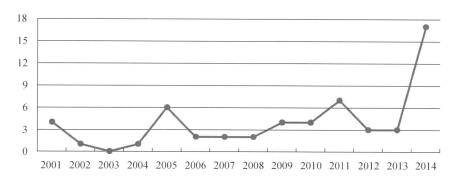

图 6-10 "地下空间"主题著作出版数

资料来源:超星数据库

表 6-2 2014 年"地下空间"新著书籍一览表

著作名称	作者	出版社	页数
城市地下空间抗震与安全	袁勇,陈之毅	上海:同济大学出版社	147
城市防灾与地下空间规划	戴慎志,赫磊	上海:同济大学出版社	152
城市地下空间防洪与安全	刘曙光,陈峰,钟桂辉	上海:同济大学出版社	207
城市地下空间防火与安全	朱合华,闫治国	上海:同济大学出版社	230
地下空间防爆与防恐	王明洋,宋春明,蔡浩	上海:同济大学出版社	154
城市地下空间深开挖施工风险预警	黄宏伟,顾雷雨,王怀忠	上海:同济大学出版社	194
城市地下道路隧道运营风险管理	胡群芳,叶永峰,黄宏伟	上海:同济大学出版社	236
城市地下空间利用规划编制与管理	顾新,于文悫	南京:东南大学出版社	229
城市地下空间经济学	徐生钰	北京:经济科学出版社	296
地下空间利用概论	夏永旭	北京:人民交通出版社	227
地下空间规划与设计	凤凰空间・华南编辑部	南京:江苏科学技术出版社	352
地下空间工程	刘勇,朱永全	北京:机械工业出版社	380
地下空间声环境	康健,金虹	北京:科学出版社	240
城市地下空间风险预警管理	佘廉,陈倬,郑志刚	北京:科学出版社	251

续表

著作名称	作者	出版社	页数
地下空间工程施工技术	曹净,张庆	北京:中国水利水电出版社	304
城市地下空间建设新技术	住房和城乡建设部执业资格注册中心组织	北京:中国建筑工业出版社	316
城市地下空间建筑设计与节能技术	季翔,田国华	北京:中国建筑工业出版社	147
高层建筑及大型地下空间火灾防控技术	卢国建主编	北京:国防工业出版社	401

数据来源:超星数据库

6.2 学术交流

2014 年全国共召开 8 次地下空间相关学术交流会,其中有国际机构、专家参与的占 75%,会议内容涉及地下空间政策法规、规划、工程建设、运营管理等各个方面。通过学习、交流地下空间发展遇到的问题及解决途径,促进地下空间领域优质发展。会议体现了学术交流的高水准、严谨性和开拓性,为我国今后地下空间的开发利用具有很高的指导意义。如图 6-11 和表 6-3 所列。

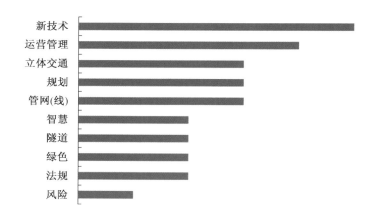

图 6-11 学术交流会主题关键词出现频率

表 6-3 2014 年"地下空间"学术交流会一览表

会议名称	日期	所在地	主办单位	承办单位
2014 中国城市地下空间开发高峰论坛	2014-2-27——2014-2-28	天津	中国市政工程协会	天津市政公路协会 天津市地下铁道集团有限公司

续表

会议名称	日期	所在地	主办单位	承办单位
第四次国际地下空间学术大会(IACUS2014)	2014-5-22—2014-5-23	南京	中国岩石力学与工程学会地下空间分会	江苏省交通规划设计院股份有限公司
2014全国智慧管线与地下空间管理高峰论坛	2014-5-22—2014-6-6	广州	中国城市规划协会地下管线专业委员会	广州城市信息研究所有限公司
第十三届海峡两岸隧道与地下工程学术及技术研讨会	2014-8-16—2014-8-17	南宁	中国岩石力学与工程学会地下工程分会 中国土木工程学会隧道及地下工程分会 台湾隧道协会	山东大学 中国水利顾问集团华东勘测设计研究院有限公司
2014第三届上海国际城市地下管网建设工程展览会	2014-8-20—2014-8-22	上海	中国城市建设协会	佰笙会展服务(上海)有限公司
2014(第二届)地下空间与城市综合体国际研讨会暨展示会	2014-9-18—2014-9-19	上海	中国工程院土木水利与建筑工程学部 上海世博发展(集团)有限公司 同济大学土木工程学院	上海世博会有限公司 上海闻鼎信息科技有限公司
2014管道工程与非开挖技术国际研讨会(ICPTT2014)	2014-11-13—2014-11-16	厦门	美国土木工程师学会 美国德克萨斯大学 中国地质大学(武汉)	武汉地网非开挖科技有限公司 美国德州大学地下设施研究与教育中心 中国地质大学(武汉) 中美联合非开挖工程研究中心
2014中国隧道与地下工程大会(CTUC)暨中国土木工程学会隧道及地下工程分会第十八届年会	2014-11-23—2014-11-25	杭州	中国土木工程学会隧道及地下工程分会	浙江大学城市学院 杭州市城市建设发展有限公司等

6.3 专业教育

2014年已有84所高校设立城市地下空间工程本科专业,另有4所学校有土木工程专业地下工程方向,此外还有两所学校设立隧道与地下工程、地下工程与隧道工程等相近专业。如图6-4和表6-5所列。

表 6-4　2014 年已开设"地下空间"硕士专业院校一览表

院校	学科	学院	专业	方向
中国人民解放军理工大学	土木工程	（004）国防工程学院	（0814Z2）地下工程规划与管理	（01）国防（人防）工程规划与管理
				（02）重要经济目标防护
				（03）地下空间规划与地下建筑设计理论
				（04）营区规划与设计
东南大学	交通运输工程	（021）交通学院	（0823Z2）交通运输工程（交通地下工程）	（01）公路隧道工程
				（02）特殊路基工程
				（03）地下空间规划与应用
				（04）公路工程重大灾害预防及预警
中南大学	土木工程	（055）资源与安全工程学院	（0814J3）城市地下空间工程	（01）城市地下空间工程
华北水利水电大学	土木工程	（003）土木与交通学院	（0814Z1）地下建筑工程	（01）地下空间开发与利用
				（02）地下结构耐久性和健康诊断
				（03）结构-围岩（土）动力相互作用
内蒙古工业大学	土木工程	（017）矿业学院	（0814Z2）地下工程与地质技术	（01）地质技术
				（02）地下工程及采矿工程

资料来源：中国研究生招生信息网的硕士专业目录数据库

表 6-5　2014 年已开设"地下空间"博士专业院校一览表

院校	院系所	专业	研究方向
中国人民解放军理工大学	004 国防工程学院	081402 结构工程	01 介质与结构的动力相互作用
			02 结构的抗震与隔震
			03 地下结构计算理论与设计
		081404 供热供燃气通风及空调工程	01 地下工程内部环境保障理论与技术
			02 地下工程热湿传递理论及节能技术
		0814Z2 地下工程规划与管理	01 国防（人防）工程规划与管理
			02 地下空间规划与地下建筑设计理论
中国地质大学（武汉）	103 工程学院	081400 土木工程	13 地下空间围岩力学特征与时空效应研究
			14 地下空间开发与综合利用
中国地质大学（北京）	302 工程技术学院	081400 土木工程	07 地下建筑工程

续表

院校	院系所	专业	研究方向
同济大学	020 土木工程学院	081400 土木工程	07 隧道及地下建筑工程
四川大学	306 水利水电学院/水力学国家重点实验室	081400 土木工程	05 地下工程
	620 灾后重建与管理学院	081400 土木工程	03 地下工程
河北工业大学	016 土木工程学院	081400 土木工程	09 现代地下工程与隧道结构
			12 地下能源存储、废料处置
成都理工大学	003 环境与土木工程学院	081400 土木工程	04 隧道与地下工程
北京科技大学	010 土木与环境工程学院	081400 土木工程	45 城市地下空间开发与利用技术
			49 桥梁、隧道及地下工程加固技术研究与应用
			53 地下结构设计理论
			61 地下工程关键技术及工法设计与实施
			62 城市地下工程灾害评估与处置
北京交通大学	005 土木建筑工程学院	081400 土木工程	02 隧道与地下工程
中国矿业大学(北京)	001 资源与安全工程学院	081405 防灾减灾工程及防护工程	04 地下工程防灾减灾
	006 力学与建筑工程学院	081401 岩土工程	03 地下工程理论与技术
			03 地下工程理论与技术
		081402 结构工程	04 地下工程结构
		081403 市政工程	01 城市地下工程
		081405 防灾减灾工程及防护工程	02 地下工程防灾减灾
中国科学院大学	005 武汉岩土力学研究所	081401 岩土工程	02 地下工程稳定性与加固支护
			05 能源地下储存与废弃物地质处置
西南交通大学	001 土木工程学院	081405 防灾减灾工程及防护工程	01 城市地下铁道减灾防灾理论
		081406 桥梁与隧道工程	07 隧道与地下工程信息化理论与方法

续表

院校	院系所	专业	研究方向
西南交通大学	002 机械工程学院	081404 供热、供燃气、通风及空调工程	05 地下工程灾害控制
	014 地球科学与环境工程学院	081800 地质资源与地质工程	04 地下水与工程
山东科技大学	001 矿业与安全工程学院	081903 安全技术及工程	04 地下工程安全及风险控制
		083700 安全科学与工程	05 地下工程安全及风险控制
	004 土木工程与建筑学院	081401 岩土工程	01 城市与矿山地下工程
山东大学	046 土建与水利学院	080104 工程力学	01 大型地下工程施工过程力学
		081401 岩土工程	01 大型地下洞室群围岩稳定分析与施工顺序优化
		081405 防灾减灾工程及防护工程	01 地下工程地质灾害超前预报与控制
			02 地下工程高压裂隙水封堵与防治
			03 地下工程防灾减灾与防护
			04 地下工程灾害风险评估与调控
煤炭科学研究总院	001 采矿学院	081901 采矿工程	02 地下开采现代技术理论及应用
辽宁工程技术大学	006 土木与交通学院	081401 岩土工程	02 地下工程
兰州理工大学	004 土木工程学院	081401 岩土工程	05 黄土地区地下结构抗震分析
河北工业大学	016 土木工程学院	081400 土木工程	09 现代地下工程与隧道结构
			12 地下能源存储、废料处置
成都理工大学	003 环境与土木工程学院	081400 土木工程	04 隧道与地下工程
广西大学	010 土木建筑工程学院	081401 岩土工程	04 地下工程
大连理工大学	060 建设工程学部	081401 岩土工程	06 地下工程结构抗震
		081402 结构工程	10 地下结构的破坏机理及加固措施研究
			74 新奥法在隧道及地下工程中的应用
		081404 供热、供燃气、通风及空调工程	04 地下隧道热环境控制
		081405 防灾减灾工程及防护工程	07 地下工程结构抗震

6.4　公众认知

以 2014 年网民在谷歌、百度上的搜索量为数据基础，分别以关键词"地下空间"（underground space）和"地下工程"为统计对象，科学分析并计算出上述关键词在谷歌、百度网页搜索中搜索频率的加权和，用以判断地下空间领域在公众的关注度变化。如图 6-12 和图 6-13 所示。

地下空间 地下商业 地下工程		
查询	热门	上升
地下空间开发	100	
城市地下空间	100	
地下空间利用	80	
地下空间规划	65	
上海地下空间	50	

图 6-12　2014 年"地下空间"相关搜索热度词汇

资料来源：Google 趋势

查询	热门	上升
地下防水工程	100	
地下工程防水	100	
人防工程	55	
城市地下工程	45	
地下空间	45	
铁路地下化	25	

图 6-13　2014 年"地下工程"相关搜索热度词汇

资料来源：Google 趋势

由于百度指数中未收录"地下空间"、"地下工程"等词条的统计,用相对应的英语"underground space"替代进行热度统计。

1. 区域热度

2014 年搜索频率较高区域主要集中在一线城市、江、浙、东南沿海城市,与 2014 年地下空间现状建设发达区域基本吻合,排名前 6 位城市均处于中国城市地下空间开发的"三心三轴"上。这些区域民众对地下工程接受度高,对地下空间的知识普及、设计、使用、管理等方面的经验与问题交流更加频繁。在谷歌和百度网页中搜索"地下空间"和"underground space",其热度情况如图 6-14 和图 6-15 所示。

区域|城市	
武汉市	100
上海市	97
南京市	93
北京市	88
杭州市	83
广州市	61

图 6-14 2014 年搜索"地下空间"城市热度

资料来源:Google 趋势

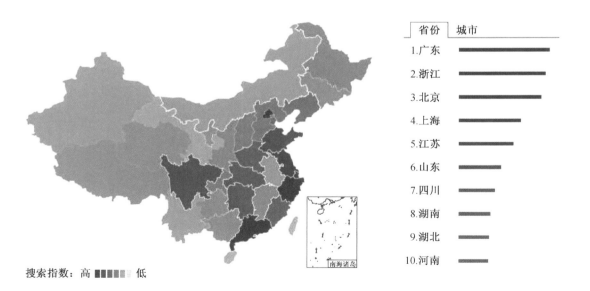

省份|城市	
1.广东	
2.浙江	
3.北京	
4.上海	
5.江苏	
6.山东	
7.四川	
8.湖南	
9.湖北	
10.河南	

搜索指数:高 ■■■■□ 低

图 6-15 2014 年搜索"underground space"区域热度

资料来源:baidu 指数

2. 热度变化总体趋势

2014 年百度搜索热度较 2013 年上半年大幅增长，并有持续稳定增长的趋势。2014 年的百度搜索峰值出现时间基本与地下空间宏观政策、法规出台时间保持一致，反映公众对地下空间的政府导向比较关注。如图 6-16 所示。

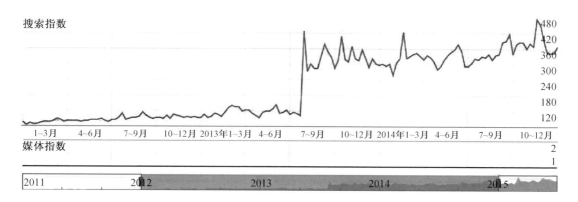

图 6-16 2012—2014 年"undergroundspace"相关搜索热度变化趋势

资料来源：baidu 指数

3. 人群属性

百度搜索显示，地下空间关注度较高的主要集中在 20—40 岁年龄阶段，男性人群多于女性人群，侧面反映地下空间领域在全国很多地区还处于起步阶段，公众普遍认知度有限。近年来，高校陆续开设相关学科教学，从业者普遍年轻，这类人群通过网络获取地下空间相关信息的欲望强烈。如图 6-17 和图 6-18 所示。

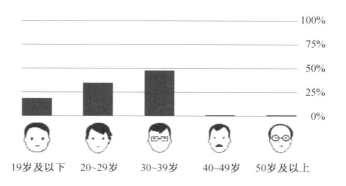

图 6-17 搜索"underground space"人群属性——年龄分布

资料来源：baidu 指数

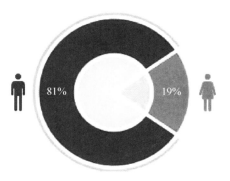

图 6-18　搜索"underground space"人群属性——性别分布

资料来源：baidu 指数

主要参考文献

［1］吴建成. 全国最大地下立交南京青奥轴线 6 月试运行［EB/OL］. http：//js. people. com. cn/n/2014/0519/c360302-21231435. html 人民网，2014-05-19.

［2］黄长隧，石小磊. 全国最大地下立交"青奥轴线"完工明年 6 月通车［EB/OL］. http：//www. yangtse. com/system/2013/12/26/019756457. shtml 扬子晚报网，2013-12-26.

［3］黄尚斐. 全国第二个：飞机高铁地铁零换乘站［N/OL］. http：//cdwb. newssc. org/html/2014-11/05/content_2141459. htm 成都晚报电子版，2014-11-05.

［4］饶沛. CBD 核心区地下将连通 19 楼宇［EB/OL］. http：//epaper. bjnews. com. cn/html/2014-09/17/content_536196. htm？ div=0 新京报. 2014-09-17.

［5］黄师师，钟峥嵘. 武汉首个"水下停车场"建成位于台北路车位 365 个［EB/OL］. http：//finance. cjn. cn/whjjzx/201305/t2275986. htm 长江网，2013-05-29.

［6］中国城市轨道交通协会. 城市轨道交通 2014 年度统计分析报告［R］. 中国城市轨道交通协会信息，2015-05-04.

［7］齐中熙. 中国国产城轨自主牵引系统累计产量首超国外品牌［EB/OL］. http：//news. xinhuanet. com/fortune/2014－11/02/c_1113080397. htm 新华网，2014－11-02.

［8］樊曦. 北车南车将合并　中国高铁装备制造业将"一个声音"对外说话［EB/OL］. http：//news. xinhuanet. com/fortune/2014－10/29/c_1113032696. htm 新华网，2014-10-29.

［9］王倩. 中铁盾构首次走出国门进军马来西亚市场［EB/OL］. http：//info. cm. hc360. com/2014/11/040900572881. shtml 慧聪工程机械网，2014-11-04.

［10］柴喜男. 铁建重工与伊朗签订盾构机销售合同［EB/OL］. http：//news. cmol. com/2015/0104/46873. html 工程机械在线，2015-01-04.

［11］王珊. "中国制造"列车领跑土耳其［EB/OL］. http：//gb. cri. cn/42071/2014/02/

13/6071s4421645. htm 国际在线专稿,2014-02-13.

[12] 郭静峰. 出口悉尼盾构机关键部件顺利完成生产[EB/OL]. http://info. cm. hc360. com/2014/08/120843562283. shtml 慧聪工程机械网,2014-08-12.

[13] 孙钧. 隧道工程的技术进步范例[C]. 2015(第四届)国际桥梁与隧道技术大会, 2015-04-28.

[14] 罗春河. 中交一公司科技成果填补行业技术空白[EB/OL]. www. chinajsb. cn/ bz/content/2014-11/28/content_146081. htm 中国建设报,2014-11-28.

[15] 张琼. 深圳地铁9号线施工遭遇难点 盾构成功穿越密集桩群[EB/OL]. http:// www. chinajsb. cn/bz/content/2015-01/06/content_149230. htm 中国建设报, 2015-01-06.

[16] 范春旭. 双龙引水长江黄河会郑州[N/OL]. http://epaper. bjnews. com. cn/ html/2014-08/18/content_529860. htm 新京报电子版,2014-08-18(A12).

[17] 冯瑄,田国垒. 技术创新打造宁波"滨海客厅"甬企一工程技术填补世界空白 [N]. 宁波日报,2014-11-11(A3).

[18] 赖永标,王梦恕,油新华,贺忠雨. 隧道与地下工程支护预制技术综述与展望[J]. 建筑技术开发,2015(1):24-28.

[19] 钟菊生,范董何. 实时捕捉地下工程隐患[EB/OL]. http://www. chinajsb. cn/bz/ content/2015-02/09/content_152240. htm 中国建设报,2015-02-09.

[20] 蒋心怡. 聚焦地下铁盾构穿越绝不是挖土那么简单[N/OL]. http://epaper. subaonet. com/csz8d/html/2015-01/07/content_312198. htm 苏州新闻网,2015-01-07.

[21] 连迅. 中建三局"地面预筑、整体下沉"科研课题试验取得成功[EB/OL]. http:// www. hb. xinhuanet. com/2014-01/13/c_118950382. htm 新华网-新华湖北, 2014-01-13.

[22] 王梦恕. 中国盾构和掘进机隧道技术现状、存在的问题及发展思路[J]. 隧道建设, 2014(3):179-187.

[23] 向一鹏,向奇志,麻成标. 中国国产首台大直径全断面硬岩隧道掘进机长沙下线 [EB/OL]. http://www. chinanews. com/sh/2014/12-27/6917066. shtml 中国新闻网,2014-12-27.

[24] 上海市隧道工程轨道交通设计研究院. 世界最大尺寸矩形顶管掘进机在国内完成首推[EB/OL]. http://www. stedi. cn/Chinese/News_zhidan. Asp? ID=1107,

2014-04-24.

［25］张晓辉. 世界最大断面矩形顶管隧道正式通车［EB/OL］. http：//www. chinajsb. cn/zk/content/2014-12/08/content_146699. htm 中国建设报，2014-12-08.

［26］各省市统计局或统计信息网公布的城市统计年鉴、统计公报。

［27］各省、市规划局官方网站。

［28］解放军理工大学地下空间与地下工程数据库。

［29］南京慧龙城市规划设计有限公司地下空间数据库信息系统。

［30］网络资源：学术机构、科研院校、规划编制单位官方网站、论坛，各省市招标信息网站等；维基百科（简繁体中文版、英文版、日文版等）；必应搜索、谷歌搜索等。

［31］其他文献：中国政府网 www. gov. cn；国家发改委 www. sdpc. gov. cn；住建部 www. mohurd. gov. cn；各省、市政府网；各省、市国土、规划、人防办（民防局）、法制办网站。

联系方式

中国岩石力学与工程学会地下空间分会　　　　　　　www.csueus.com
中国人民解放军理工大学国防工程学院地下空间研究中心　www.ust.com.cn
南京慧龙城市规划设计有限公司　　　　　　　　　　www.wisusp.com
总机:025-83659693　　　分机:025-83659692
传真:025-83659693
地址:南京市玄武区童卫路 4 号创业大楼 201 室
邮编:210014

如需了解更多地下空间白皮书的信息和资讯,请联系:

刘宏

邮箱:shamanhan3385@163.com

张智峰

邮箱:flyaway270@hotmail.com

其他请登录网站:

慧龙规划网·地下空间　www.wisusp.com